环境公共治理与公共政策译丛
化学品风险与环境健康安全(EHS)管理丛书子系列
“十三五”国家重点图书

全球环境治理的基本概念

[加] 让-弗雷德里克·莫林
[法] 阿曼丁·奥尔西尼 编
王 余 主译

華東理工大學出版社
EAST CHINA UNIVERSITY OF SCIENCE AND TECHNOLOGY PRESS
·上海·

图书在版编目(CIP)数据

全球环境治理的基本概念 / (加) 让-弗雷德里克·莫林,(法) 阿曼丁·奥尔西尼(Amandine Orsini)编;王余主译. —上海:华东理工大学出版社,2020.9
(环境公共治理与公共政策译丛)
书名原文:Essential Concepts of Global Environmental Governance
ISBN 978-7-5628-5829-4

Ⅰ. ①全… Ⅱ. ①让… ②阿… ③王… Ⅲ. ①环境保护-世界-文集 Ⅳ. ①X-11

中国版本图书馆 CIP 数据核字(2019)第 063004 号

策划编辑 / 刘　军
责任编辑 / 秦静良
装帧设计 / 靳天宇
出版发行 / 华东理工大学出版社有限公司
地址:上海市梅陇路 130 号,200237
电话:021-64250306
网址:www.ecustpress.cn
邮箱:zongbianban@ecustpress.cn
印　　刷 / 江苏凤凰数码印务有限公司
开　　本 / 710 mm×1 000 mm　1/16
印　　张 / 17.5
字　　数 / 294 千字
版　　次 / 2020 年 9 月第 1 版
印　　次 / 2020 年 9 月第 1 次
定　　价 / 98.00 元

“环境公共治理与公共政策译丛”
学术委员会

“环境公共治理与公共政策译丛”总序

环境问题已然成为21世纪人类社会关心的重大议题，也是未来若干年我国经济社会发展中需要面对的突出问题。

改革开放以来，经过40年的高速发展，我国经济建设取得了举世瞩目的巨大成就。然而，在“唯GDP”论英雄、唯发展速度论成败的思维导向下，“重发展，轻环保；重生产，轻生态”的情况较为普遍，我国的生态环境受到各种生产活动及城乡生活等造成的复合性污染的不利影响，长期积累的大气、水、土壤等污染的问题日益突出，成为制约我国经济社会可持续发展的瓶颈。社会大众对改善生态环境的呼声不断高涨，加强环境治理的任务已经迫在眉睫。

建设生态文明，关系人民福祉，关乎民族未来。党的十八大把生态文明建设纳入中国特色社会主义事业“五位一体”总体布局，明确提出大力推进生态文明建设，努力建设美丽中国，实现中华民族永续发展。党的十八届五中全会通过的《中共中央关于制定国民经济和社会发展第十三个五年规划的建议》提出了“创新、协调、绿色、开放、共享”五大发展理念，完整构成了我国发展战略的新图景，充分体现了国家治理现代化的新要求。五大发展理念是一个有机联系的整体，其中“绿色”是对我国未来发展的最为“底色”的要求，倡导绿色发展是传统的环境保护观念向环境治理理念的升华，也是加快环境治理体制机制改革创新的契机。

环境是人类生存和发展所必需的物质条件的综合体，既是生态系统的有机组成部分，也可以被视为资源的价值利用过程；而环境污染则是资源利用不当而造成的对环境的消极影响或不利于人类生存和发展的状况，在某些条件下，它会进一步引发公共安全问题。因此，我们必须站在系统性的视角，在环境治理体制机制的改革创新中纳入资源利用、公共安全等因素。进入21世纪以来，国际社会积极探寻环境治理的新模式和新路径，公共治理作为一种新兴的公共管理潮流，呼唤着有关方面探索和走向新的环境公共治理模式。环境公共治理的关键点在于突出环境治理的整体性、系统性特点和要求，推动实现政府、市场和社会之间的协同互动，实现制度、政策和技术之间的功能耦合。

华东理工大学经过 60 多年的发展，在资源与环境领域的基础科学和应用科学研究及学科建设方面具有显著的优势。为顺应时代发展的迫切需要，在服务社会经济发展的同时加快公共管理学科的发展，并形成我校公共管理学科及公共管理硕士（MPA）教育的亮点和特色，根据校内外专家的建议，学校决定将“资源、环境与公共安全管理”作为我校公共管理学科新的特色发展方向，围绕资源环境公共治理的制度创新和政策创新整合学科资源，实现现实状况调研与基础理论研究同步推进，力图在构建我国资源、环境与公共安全管理的理论体系方面取得实质性业绩，刻下“华理”探索的印迹。

作为“资源、环境与公共安全管理”特色方向建设起步阶段的重要步骤，华东理工大学 MPA 教育中心组织了“环境公共治理与公共政策译丛”的翻译工作。本译丛选择的是近年来国际上在环境公共治理和公共政策领域颇具影响力的著作，体现了该领域最新的国际研究进展和研究成果。希望本译丛的翻译出版能为我国资源、环境与公共安全管理领域的学术研究和学科建设提供有益的借鉴。

本译丛作为“十三五”国家重点图书出版规划项目“化学品风险与环境健康安全（EHS）管理丛书”的子系列，得到了华东理工大学资源与环境工程学院于建国教授、刘勇弟教授、汪华林教授、林匡飞教授等的关心和帮助，特别是得到了修光利教授的鼎力支持，体现了环境公共治理所追求的制度、政策和技术整合贯通的理想状态，也体现了全球学科发展综合性、融合性的新趋向。

华东理工大学社会与公共管理学院 MPA 教育中心主任
张　良
2018 年 7 月

本书为外交官员、分析人士和学生提供了一张囊括全球环境政治领域的关键术语、概念的基本词汇表。跨学科的专家作者队伍提供了关于核心概念及关键争议的权威概述，界定了全球环境治理领域的边界。而词汇表的条目仔细地审视了用于理解和管理全球环境危机的知识生态系统。

——彼得·M.哈斯(Peter M. Hass)，美国马萨诸塞大学埃姆赫斯特分校政治科学教授

本书以一种独特的方式，帮助读者链接当前全球环境政策的各知识点，并在概念、观点和思想流派之间导航。随着环境议题在全球议程上的热度不断攀升，我向希望深入了解可持续全球治理洞见的朋友们强烈推荐本书。

——康妮·赫泽高(Connie Hedegarrd)，欧盟气候行动专员

国际社会正处在应对气候变化的十字路口。深刻地理解全球环境治理可以帮助人们更好地营造积极民主的氛围，从而决定一个更安全的未来。本书为社会理解和社会变革做出了有价值的贡献。来自迥然不同却相互交叉学科的作者们将会为关注可持续发展的人们点燃灵感火花。

——克里斯蒂娜·菲格雷斯(Chistiana Figueres)，《联合国气候变化框架公约》执行秘书

编者：

让-弗雷德里克·莫林(Jean-Frédéric Morin)：比利时布鲁塞尔自由大学国际关系教授，讲授《国际政治经济》与《全球环境政治》课程。

阿曼丁·奥尔西尼(Amandine Orsini)：比利时布鲁塞尔圣路易斯大学国际关系教授，讲授《国际关系导论》《国际组织》与《全球环境政治》课程。

Essential Concepts of Global Environmental Governance

Edited by Jean-Frédéric Morin
Amandine Orsini

本书得到皇后图书馆的捐助

原书前言
粉红书套里的盎然绿意

对于一本全球环境治理图书的封面而言，粉红的确是一种令人惊讶的颜色。这当然不是一种无伤大雅的选择，而是编者有意为之的声明，用来解释本书潜在的三个关键假定。第一，我们认为全球环境治理是一个独特的——有时是不可思议的——学术领域，它充满着原创概念、非主流思想和意外发现。第二，全球环境治理不是由一群同质的活动家占据的“绿色”专属领域，而是由一些激烈争论所激起的多元领域。第三，全球环境治理对人类社会产生了广泛影响，除去环境问题还涵盖安全、贸易、农业、健康和两性关系等领域。

然而本书的独特之处远不止于一张封面，还包括它的形式。本书采用百科全书式的组织形式，把 101 个独立、简短的词条按照字母顺序排列。每个词条界定一个全球环境治理概念，提供原创的批判性文献述评与进一步的阅读参考。

我们相信这种非线性组织形式特别适合学生的实际需求。有些时候，他们能够使用目录或索引迅速找到特定信息。其他时候，他们可以随性浏览本书，也可以借助于交叉互引系统从一个词条跳转到另一个词条来一探究竟。这种阅读弹性促成了一种学习过程，使得学生能够逐步联结知识点，并根据个人兴趣、基于既有知识来扩展知识体系。

这种阅读弹性并不以牺牲质量为代价。词条由知名学者遵循严格的学术标准撰写而成，18 个国家、75 个机构的 110 余位学术专家为本书做出了贡献。这种多样性不仅体现在地域上，更体现在学科上。来自社会学、法学、经济学、地理学、哲学和政治科学的学者们给出了全球环境治理的分析透视。

词条单同样也体现出兼收并蓄的原则。为了呈现全球环境治理的多样和丰富性，这本百科全书在覆盖经典、成熟概念的同时，也探讨了新兴、创新理念。

我们向所有作者致以诚挚的谢意，感谢他们在项目合作期间投入的热情！期待本书能够实现编撰的初衷。虽然本书的编撰期限短暂、标准严格，而且不断要求作者进行修改，但作者的坚韧意志与专业精神使编辑过程变得令人欣慰和愉悦。

同样感谢编委会成员，他们于 2012 年 11 月组建工作坊，对第一版初稿提出了中肯建议。编委会成员有弗兰克·比尔曼(Frank Biermann，阿姆斯特丹大学)、彼得·道维尔(Peter Dauverge，英属哥伦比亚大学)、马克·特拉马尔特(Marc Pallemaerts，布鲁塞尔自由大学)、帕特里夏·法加·英格利西亚·莱莫斯(Patricia Faga Inglecias Lemos，圣保罗大学)、菲利浦·勒普雷斯特(Philippe Le Prestre，拉瓦尔大学)、大田浩史(Hiroshi Ohta，早稻田大学)、塞巴斯蒂安·奥伯斯尔(Sebastian Oberthür，布鲁塞尔自由大学)、凯特·奥尼尔(Kate O'Neill，加州大学伯克利分校)、苏珊·欧文斯(Susan Owens，剑桥大学)、伊莲娜·特鲁多(Hélène Trudeau，蒙特利尔大学)和陈玉刚(复旦大学)。

向塞巴斯蒂安·奥伯斯尔和马克·帕拉马尔特致以特别的谢意，感谢他们对项目启动的支持和鼓励！没有他们的推动，项目不可能确立。

本项目得到了布鲁塞尔自由大学的经济资助与亚历山德拉·霍弗(Alexandra Hofer)和劳伦特·尤特斯普罗特(Laurent Uyttersprot)的研究帮助。感谢他们的付出并希望他们也能像我们一样享受工作过程。

最后，要谢谢我的学生们。

目　　录

适　应

埃里克·E.马西(Eric E. Massey)
阿姆斯特丹自由大学，荷兰

适应指的是个人和社会为了回应、减轻或者受益于人为气候变化的影响所做出的尝试。例如，人们为了防止洪涝、延长生长季而修建堤坝。这些人为影响包括极端温度、温度变化、海平面上升，以及引发环境灾害的天气模式变化。如果无视这些气候变化，我们的社会经济和生态系统将会遭到严重扰乱(IPCC，2007)。为了确保各国开始解决气候影响问题并采取必要措施，1992年气候变化框架公约规定，缔约方应“促成充分的适应”，“为适应气候变化而合作”，并且“帮助发展中国家……承担适应不利影响的费用”(UNFCCC，1992：Article 4)。最后一条规定，发达国家应该对气候变化负主要责任，因为不利影响将会不成比例地落在穷人、最不发达国家的肩上，尤其是土著人和当地社群(IPCC，2007)。通过资金流动、智力支持和技术转让帮助发展中国家适应气候变化所带来的不利影响的做法，可被视为提升环境正义的手段。

随着国家开始适应气候变化，全球环境治理领域涌现了有关适应含义的不同界定。位于概念谱系一端的主流范式，正如前文所提出的，认为适应是一个技术官僚进程，旨在降低环境不利影响的风险和脆弱性、提高社会适应力从而保持和改善国家的社会经济现状。按照上述思路，适应可被视为某种形式的可持续发展，最终是生态现代化的一个组成部分。因为气候变化会影响所有部门(公共部门和私人部门)，所以应把影响问题整合或纳入部门管理中去。比如，政府各部门可以制定各自的适应战略。另外，气候影响因地而异，而且随着政府层级降低，气候影响愈加明显，因而学术文献和政府文件经常指出，基层社区应该负责战略实施，而全国性、国际组织则提供支持与援助。

在概念谱系的另一端，尤其在学术文献中，适应（更确切地说，是适应的必要性）被看作一种社会变革方式，而不仅是保护现状（Adger et al.，2006）。缺乏有效的环境治理导致了气候变化，而适应提供了一个“对造成风险的实践活动和基础制度进行反思、变革”的机会（Pelling，2011：21）。此处的适应是一个社会进程，旨在创建一个新的治理结构，以避免旧结构里导致社会、环境不公正的外部性。

参考文献[①]

Adger, Niel, Jouni Paavola, Saleemul Huq, and Mary Mace (Eds.). 2006. *Fairness in Adaptation to Climate Change*. Cambridge, MA, MIT Press.

IPCC (Intergovernmental Panel on Climate Change). 2007. *Impacts, Adaptation and Vulnerability*. Cambridge, Cambridge University Press.

Pelling, Mark. 2011. *Adaptation to Climate Change: From Resilience to Transformation*. New York, Routledge.

① 为方便读者查阅，本书按原版复制参考文献。

援　助

阿萨·佩尔松（Åsa Persson）
斯德哥尔摩环境研究院，瑞典

尽管经济合作与发展组织（OECD，简称“经合组织”）等机构出于统计目的，提出了基于活动（如自然保护措施、清洁炉灶补贴）对环境援助的正式定义，然而环境援助也可以被简单地界定为对遭受环境不利影响的发展中国家提供双边的、多边的财政或科技帮助（无论援助活动的目的如何）（Hicks et al.，2008）。来自公共资源的环境援助是当前环境治理的核心特征：出于战略性考虑，环境援助是对受援国参与国际环境治理做出的妥协或者损失补贴；出于有效性考虑，环境援助能够提升受援国的国际机制遵约[①]和执行能力，以及全球公共物品的供给能力。

20 世纪 80 年代，随着世界银行等机构主导的援助项目对环境造成的损害首次凸显，环境援助议题开始浮出水面，并最终通过影响评估程序得以解决。20 世纪 90 年代，尤其在 1992 年里约会议召开之后，环境保护成为援助的首要目标。根据 OECD 发展援助委员会的官方数据，2009 年 10 月，以可持续发展为目标的双边援助金额增加至 1997 年的 3 倍，大概达到 110 亿美元（OECD，2012）。如果把部门援助（关注环境目标的部门）也纳入其中，那么总金额将增至 250 亿美元左右。最为关注环境目标的部门有饮用水与环境卫生、能源、交通、农业和农村发展部门。

一些独立分析也估计了有关环境的负面援助或者“卑劣”援助的量级。

① 遵约（compliance），本质上是一个法学概念。在国际法领域，所谓遵约，简单来说，就是遵守国际条约。当一个特定主体的实际行为符合指定行为时，遵约就发生了。国际环境条约一般都包含着两层含义：一是国家和政府在国际谈判中做出承诺；二是各国在国内法层面进行转化、执行（implementation）。遵约的概念包括执行，但其范围更宽。它将注意力置于促进国家遵守其义务上。从这个意义上来说，遵约旨在预防不遵约（noncompliance）情形的出现，并解决不遵约情形所带来的具体问题。

希克斯等(Hicks et al., 2008)发现,在20世纪90年代,可能带来中性影响的环境援助、可能带来不利影响的援助分别是可能带来有利影响的环境援助的7倍和3倍。基于同一数据库,一个近期的研究表明,2008年的"卑劣"援助与"环境"援助的比值大致为3(Marcoux et al., 2013)。总体趋势是逐步改善,但收效甚微。

援助国为什么提供环境援助?现已发现,援助国是受到经济利益和政治利益驱使,而不是出于利他主义(见"国际捕鲸委员会")。国家财富、强大的环保倡议组织、后物质主义价值观,以及"绿色并且贪婪的"环境技术游说增强了援助国的环境影响力,特别在解决全球环境问题,而不是本地环境问题时(Hicks et al., 2008)。对于受援国来说,挪用本国环境问题的经费来缓解全球环境问题,有时会引发国民忧虑。对于援助国来说,相较于采取强硬国内行动,提供环境援助以解决全球环境问题是一种更具有成本有效性和政治可行性的手段。根据环境援助统计数据,解决全球环境问题的援助呈上升趋势。

环境援助有两种互补策略:第一,专项环境援助,从专项环境双边、多边基金和项目中支出,其中一些由全球环境基金运作;第二,把环境问题整合到(或纳入)各种援助方式中去。针对后一种情况,捐助机构开发了各种工具,从项目影响评估到战略决策工具(Persson, 2009)。尽管把环境问题有效地整合至主流援助(例如两性、人权、艾滋病)的好处显而易见,但仍有人对此表示忧虑,他们认为这意味着把临界值裁定权授予执行机构,而不是决策机构。

自20世纪80年代以来,有批评者反对所谓的"环保"要求,比如受援国需要对援助国做出环境承诺,尽管这不是当务之急(Mori, 2011)。2005年,为了重塑援助国和受援国的关系,其中包括环境条件的敏感性问题,通过了关于援助有效性的巴黎宣言。该宣言的重要原则包括强化受援国所有权、捐赠国协调和基于结果的管理——与此相关的趋势是使用更宽泛的预算支持项目,而不是专项。这些原则和趋势对于援助的环境影响而言,更大程度上起到积极作用还是消极作用,目前还难以评价。这在很大程度上是由详细的遵约和执行安排决定的。

近期在气候变化框架公约下的气候财政协商中,关于资源附加性的讨论重新焕发生机。随着一些国际公约的通过,1992年里约峰会(见"峰会外交")开始聚焦全球环境公共物品。帮助发展中国家执行上述公约的财政援助成为环境援助的一个新焦点。然而,发展中国家开始质疑,这些援助是否像一些重要文本所规定的那样，确实是在既有官方发展援助之外的“新的和额外的”援助。有人指出，这些援助应该更多地被视为一种赔偿形式，体现出发达国家的历史责任以及共同但有区别的责任原则。对环境附加性的关注是近期提高援助分配和援助结果的透明度举措的驱动力之一，比如国际援助透明度倡议和 AidData 数据库。

终极问题是援助——一般性援助和环境援助——是否有效？这是一场永无休止的争论，学者的观点产生严重分歧。某些学者，如丹比萨·莫约(Dambisa Moyo)和威廉·伊斯特利(William Easterly)持悲观态度，而保罗·科利尔(Paul Collier)和杰弗里·萨克斯(Jeffrey Sachs)持乐观态度。挑战之一是如何精准地区分下列差别：如何定义有效和成功(如 GDP 增长或者其他衡量标准)，以及在什么具体条件下援助能或者不能产生作用。

参考文献

Hicks, Robert, Bradley Parks, J. Timmons Roberts, and Michael Tierney. 2008. *Greening Aid? Understanding the Environmental Impact of Development Assistance.* Oxford, Oxford University Press.

Marcoux, Christopher, Bradley Parks, Christian Peratsakis, J. Timmons Roberts, and Michael Tierney. 2013. “Environmental Aid and Climate Finance in a New World: How Past Environmental Aid Allocation Impacts Future Climate Aid.” *WIDER Working Paper*. Helsinki, UNU-WIDER.

Miller, Andrew R. and Nives Dolšak. 2007. “Issue Linkages in International Environmental Policy: The International Whaling Commission and Japanese Development Aid.” *Global Environmental Politics* 7(1): 69–96.

Mori, Akihisa. 2011. “Overcoming Barriers to Effective Environmental Aid: A Comparison between Japan, Germany, Denmark, and the World Bank.” *Journal of Environment and Development* 20(1): 3–26.

OECD (Organisation for Economic Co-operation and Development). 2012. *Development Co-operation Report 2012*. Paris, OECD.

Persson, Åsa. 2009. “Environmental Policy Integration and Bilateral Development Assistance: Challenges and Opportunities with an Evolving Governance Framework.” *International Environmental Agreements* 9(4): 409–429.

南极条约体系

艾伦·D.亨明斯（Alan D. Hemmings）
坎特伯雷大学，新西兰

南极条约体系(ATS)包括1959年的《南极条约》、1972年的《南极海豹保护公约》、1980年的《南极生物资源保护公约》(CCAMLR)、1991年的《关于环境保护的南极条约议定书》(《马德里议定书》),以及在这些法律文件下生效的措施。其中三个法律文件适用于南纬60度以南的地区,而《南极生物资源保护公约》的北界接近南极辐合带,一个南极水层和亚南极水层交汇的生物富集区。南极条约体系是创立最久的机制之一(Dodds, 2012)。

ATS的宗旨是在区域范围内实现国际治理。虽然有7个国家声称自己对南极洲的部分区域拥有领土主权,但这些声明没有得到普遍认同,许多人把南极洲视为人类的共同遗产。

欧盟和30个国家是ATS法律文件的决策方,还有26个国家是非决策方。一些国际组织(如国家南极局局长理事会、联合国环境规划署、联合国粮农组织)、非政府组织(如南极研究科学委员会、南极洲和南大洋联盟、国际南极旅游组织协会),以及国际自然保护联盟(IUCN)等混合组织拥有观察员席位。和平目的(避免军事化)、环境保护和科学考察自由是ATS的三大支柱。后两条和区域内人类行为的管理是ATS的焦点举措(Hemmings, 2011)。捕鲸责任完全不在ATS的范围之内,而是由国际捕鲸委员会承担。

当前ATS的焦点包括:平衡捕鱼与建立南极洲水域大型海洋保护区之间关系的棘手问题(见“渔业治理”);解决南极旅游业的安全、搜索和救援问题;新兴的生物勘探行为管理;可持续国际南极科学和联合物流合作,特别是关于全球重要气候变化研究。

虽然ATS在历史上强调有效性,以确保和平秩序、解决人类行为与环境的管理问题，但是如果 ATS 打算继续有效管理该区域，则需要面对种种挑战（Hemmings et al., 2012）。全球化向南极治理的例外论模式提出挑战，在该模式下需要依据在 ATS 之下协商形成的法律文件来解决问题。把监管交由市场力量、行政行为或形成全球法律文件的呼声日益高涨，这对 ATS 形成了压力。和过去相比，技术能令现今的南极活动范围更大，而地理条件造成的限制越来越小，我们需要提高 ATS 的制度一体化程度和作用范围以应对这些变化。ATS 体系基础搭建于冷战时期，巴西、印度和南非等上升国际力量，以及由新兴国家组成的更大范围的后殖民体系，之前几乎没有参与 ATS，现在需要确保 ATS 亦能为各自利益服务（Hemmings, 2013）。

参考文献

Dodds, Klaus. 2012. *The Antarctic: A Very Short Introduction*. Oxford, Oxford University Press.

Hemmings, Alan D. 2011. "Environmental Law—Antarctica." In *The Encyclopedia of Sustainability, Vol. 3: The Law and Politics of Sustainability*, Eds. Klaus Bosselmann, Daniel S. Fogel, and J.B. Ruhl, 188–194. Great Barrington, Berkshire Publishing.

Hemmings, Alan D. 2014. "Re-justifying the Antarctic Treaty System for the 21st Century: Rights, Expectations and Global Equity." In *Polar Geopolitics: Knowledges, Resources and Legal Regimes*, Eds. Richard Powell and Klaus Dodds, 55–73. Cheltenham and Northampton, Edward Elgar.

Hemmings, Alan D., Donald R. Rothwell, and Karen N. Scott (Eds.). 2012. *Antarctic Security in the Twenty-First Century: Legal and Policy Perspectives*. London, Routledge.

北极理事会

奥拉夫·施拉姆·斯托克（Olav Schram Stokke）
奥斯陆大学弗里乔夫·南森学院，挪威

北极理事会是1996年为了解决北极的环境保护和可持续发展问题而建立的一个国际软法机构。成员国包括八个领土处于北极圈的主权国家——加拿大、丹麦(格陵兰岛)、芬兰、冰岛、挪威、俄罗斯、瑞典和美国(见“区域治理”)。一些跨国的土著人和当地社群组织,如因纽特人极地理事会、萨米族理事会,拥有永久参与的议席,对所有理事会的会议和行动拥有充分协商权,但不能像成员国一样拥有决策权。土著人组织发挥不同寻常的重要作用是加拿大创设北极理事会的初衷之一,并且大大影响了理事会的自我呈现。许多非北极国家、国际实体和非政府组织作为观察员参与其中。两年一次的部长级会议签署指导理事会行动的宣言,其执行情况由成员国的资深北极官员监督。环境监测、生物多样性保护和可持续发展领域的工作组准备评估报告和其他研究,有时包括对环境毒物、气候变化、石油和天然气活动、海运事务之类的非强制推荐(Koivurova and VanderZwaag, 2007)。特别任务组处理其他事务,包括具有法律约束力的协定的进展状况(由成员国批准,而不是理事会)、搜索与救援(2011)、海洋原油污染防备与回应(2013)。2013年永久秘书处开始运行,它的作用就像一个提升区域危险废物等领域一体化管理能力的项目配套工具。

这些机构进展体现出北极治理全球化进程的重要性。20世纪80年代末,东西关系的缓和为创设理事会提供了机遇。置于一个共同保护伞之下的俄罗斯及其西方邻国认为,一个运转良好的北极实体能够增进地区安全,因而积极资助更为宏大的项目和行动(Stokke and Hønneland, 2010)。

2013年,理事会接纳了六个观察员国,包括来自新兴国家的中国和印度。这反映出理事会承认,导致北极环境难题的许多行为发生在北极之外,其全部或部分管辖权应归属非北极国家。邀请非北极国家参与理事会行动将有利于北极国家在国际制度里推动监管，这对于实现北极治理的有效性至关重要。

北极理事会的架构越来越坚固，它的活动已覆盖知识搭建、能力提升和规范建设。尽管《联合国海洋法公约》（简称《海洋法公约》）确保五个北极港口国家在区域自然资源管理方面的优先权，包括渔业、石油和天然气，而且缔约国数量越多的机制在环境和船运管理领域越具有影响力，但理事会已经准备好在现有治理层面上推动制度互动。

参考文献

Koivurova, Timo and David L. VanderZwaag. 2007. “The Arctic Council at 10 Years: Retrospect and Prospects.” *University of British Columbia Law Review* 40(1): 121–194.

Stokke, Olav Schram and Geir Hønneland (Eds.). 2010 [2007]. *International Cooperation and Arctic Governance.* London, Routledge.

评　　估

乔伊塔·古普塔(Joyeeta Gupta)
阿姆斯特丹大学,荷兰

环境评估从个人文献回顾,经由某一组织评估(如世界资源研究所报告),演变到结构化、常规的典型评估(如政府间气候变化专门委员会,IPCC)。后者有时与国际政策过程相关。环境评估,历经专家共同参与,以及针对科学专题(Clark et al., 2006)的政策应用分析过程(Mitchell et al., 2006),它可能包括整理、分析数据和回应具体问题。它可以包括原创性研究,但大多数情况下并不包括。然而,评估促进了期刊论文的发表,激发了参考评估数据的原创性研究。

这些评估能够潜在地弥合科学—政策鸿沟(Caplan, 1979; Woodhouse and Nieusma, 2001)(见"边界组织")。这个鸿沟包括不同的假定、目标、方法和奖励制度。鸿沟在全球呈现南北分布的不均衡性(Annan, 2003)。评估可以沿着一个科学—政策衔接阶梯进行分类(Gupta, forthcoming):最低一级是一个非正式的科学—政策衔接,就像在生物燃料领域(在这里既没有生物燃料科学的系统回顾,也没有一个集权治理过程),借由结构化、形式化、常规化而进阶为正式评估,就像在气候变化领域形式化的协商所要求的评估一样。

评估的形式多种多样。联合国粮农组织(FAO)的全球森林资源评估使用了其成员国及专家组的完整问卷调查结果,其评估结论将作为FAO当前工作的资料。在《臭氧层框架公约》里,科学、环境、技术和经济咨询小组解决具体问题。1988年世界气象组织与联合国环境规划署成立了IPCC,这一正式实体评估科学文献,按照严格的写作规范回应科学问题和政府提议,从而得出政策相关结论。IPCC与《联合国气候变化框架公约》谈判之间存在密切的互动关系(见"条约谈判")。自1995年起,UNEP共发布了五版全球环境展望(GEOs),其结构化程度不及IPCC报告,但更简明、更易沟通。自2003年起,联合国水资源组织和联合国教科文组织(UNESCO)每三年发布一次世界水资源发展报告，为水资源生态系统出谋划策。此外，还有一些一次性评估，如1995年的千年生态系统评估，以及15年后的生物多样性和生态系统服务的政府间科学—政策平台(Larigauderie and mooney, 2010)。而《防治荒漠化公约》(全称为《联合国关于在发生严重干旱和(或)荒漠化的国家特别是在非洲防治荒漠化的公约》)不进行评估，直接给出政策观点建议(Bauer and Stringer, 2009;Grainger, 2009)。

评估过程越来越结构化、正式化、常规化，它直指知识冲突和科学—政策鸿沟，评价现有的全球知识，将信息结构化为可用知识，为公共政策制定者提供简洁建议。然而评估并不能够弥补碎片化的全球知识，覆盖所有语言，并且越来越类似于期刊的“同行评审”，这样就把非政府组织、商业和企业评估与公民知识排除在外(Bäckstrand, 2003)。此外，评估关注最佳实践和万灵丹药，而不是背景知识。最后要说的是，随着评估变得具有影响力，它们开始受到严格的科学审查和新闻审查。

参考文献

Annan, Kofi. 2003. “A Challenge to the World's Scientists.” *Science* 299(5612): 1485–1485.

Bäckstrand, Karin. 2003. “Civic Science for Sustainability: Reframing the Role of Experts, Policy-Makers and Citizens in Environmental Governance.” *Global Environmental Politics* 3(4): 24–41.

Bauer, Steffen and Lindsay C. Stringer. 2009. “The Role of Science in the Global Governance of Desertification.” *The Journal of Environment and Development* 18(3): 248–267.

Caplan, Nathan. 1979. “The Two-Communities Theory and Knowledge Utilization”. *American Behavioral Scientist* 22(3): 459–470.

Clark, William C., Ronald B. Mitchell, and David W, Cash. 2006. “Evaluating the Influence of Global Environmental Assessments.” In *Global Environmental Assessments: Information and Influence*, Eds. Ronald B. Mitchell, William C. Clark, David W. Cash, and Nancy M. Dickson, 1–28. Cambridge, MA, MIT Press.

Grainger, Alan. 2009. “The Role of Science in Implementing International Environmental Agreements: The Case of Desertification.” *Land Degradation and Development* 20(4): 410–430.

Gupta, Joyeeta. Forthcoming. “Science and Governance: Climate Change, Forests, Environment and Water Governance.” In *The Role of Experts in International Decision-Making*, Eds. Monika Ambrus, Karin Arts, Helena Raulus and Ellen Hey, in press. Cambridge, Cambridge University Press.

Larigauderie, Anne and Harold A. Mooney. 2010. "The Intergovernmental Science-Policy Platform on Biodiversity and Ecosystem Services: Moving a Step Closer to an IPCC-like Mechanism for Biodiversity." *Current Opinion in Environmental Sustainability* 2(1–2): 9–14.

Mitchell, Ronald B., William C. Clark, David W. Cash, and Nancy M. Dickson. 2006. *Global Environmental Assessments: Information and Influence.* Cambridge, MA, MIT Press.

Woodhouse, Edward J. and Dean A. Nieusma. 2001. "Democratic Expertise: Integrating Knowledge, Power, and Participation." In *Knowledge, Power and Participation,* Eds. Matthijs, Hisschemöller, Jeery R. Ravetz, Rob Hoppe, and William N. Dunn, 73–95. New Brunswick, NJ, Transaction Publishers.

审　计

奥利维尔·博伊拉尔（Olivier Boiral）
拉瓦尔大学，加拿大
伊纳基·赫拉斯-赛扎比罗里亚（Iñaki Heras-Saizarbiroria）
巴斯克地区大学，西班牙

环境审计可以被定义为，对于环境实践以及标准、规范、规格要求或者其他环境事务相关要求的履约情况，而进行的系统的并且尽可能公正的文档评价。因此，环境审计是遵约和执行的工具。环境审计能够聚焦于各种各样的事务，比如可持续森林管理或环境风险（Hillary，1998）。尽管如此，过去十年，两种形式的环境审计成为关注的焦点：环境管理体系（EMS）的认证和对环境报告、可持续发展报告的审计（Boiral and Gendron，2011）。

第一，环境管理体系的审计一般关注商业和企业遵从标准的情况，比如ISO14001，这是当前最流行的认证，截至 2011 年全球共有超过 250 000 个组织通过认证。这个标准考核管理原则的实现情况涵盖 EMS 的结构、资源和责任、政策和目标等。认证过程假定，组织已通过独立的外部审计证实 EMS 符合 ISO 标准，因此认证有时被视为一种自我管理机制（Prakash and Potoski，2006）。但组织也能实行 ISO14001 的内部审计来完善其内部管理。

第二，环境报告或者可持续性报告的认证关注报告标准的遵从情况，尤其是目前广泛应用的全球报告倡议。审计过程——经常被称为保证，或者外部保证过程——理应核实这些普适的而不是局限于环境问题的报告原则和指标的应用情况。

虽然环境审计的重点和范围各种各样，但是认证过程隐含的原则却非常相似。就像标签和认证，环境审计的主要意图是提高股东信任，增强组织的社会合法性。通过外部审计寻求合法性，反映出一个“审计社会”的出现，其特点是认证的仪式感和对控制的执念(Power，1997)。像信托机制一样，环境审计的应用也提出了一些尚未充分探索的关键性问题(Boiral and Gendron，2011)：在多大程度上，隐藏在审计实践后的商业事务会损害第三方审计所声称的独立性？当前缺乏对环境审计质量的监管和专业指导，这样的后果是什么？这些对组织内部管理实践进行的外部审计，实际效果怎样？

参考文献

Boiral, Olivier and Yves Gendron. 2011. "Sustainable Development and Certification Practices: Lessons Learned and Prospects." *Business Strategy and the Environment* 20(5): 331–347.

Hillary, Ruth. 1998. "Environmental Auditing: Concepts, Methods and Developments." *International Journal of Auditing* 2(1): 71–85.

Power, Michael. 1997. *The Audit Society: Rituals of Verification.* Oxford, Oxford University Press.

Prakash, Aseem and Matthew Potoski. 2006. *The Voluntary Environmentalists: Green Clubs, ISO 14001, and Voluntary Environmental Regulations.* Cambridge: Cambridge University Press.

生物多样性保护体系

G.克里斯汀·罗森达尔（G. Kristin Rosendal）
弗里乔夫·南森学院，挪威

《生物多样性公约》(CBD，1992)建立在三重目标基础上：保护生物多样性、生物多样性组成成分的可持续利用、以公平公正的方式分享遗传资源的利益(见“保护与保存”)。CBD范围很广，因为生物多样性既包括生态系统多样性、物种多样性，也包括物种的遗传多样性。CBD几乎得到全球认同，只有美国是个例外。它由缔约方大会管理，由一个秘书处和一个科学、技术和工艺咨询的附属机构支持。受到边界组织生物多样性和生态系统服务的政府间科学—政策平台的推动，自2010年起，人们一直在寻求生物多样性相关条约。CBD的缔约方必须提出国家生物多样性战略，整合所有部门的生物多样性保护，建立保护区体系。CBD设有监督机制——国家报告和激励机制——全球环境基金。

CBD谈判的动力是人们不断增强的意识和日趋一致的看法：物种灭绝的速度远高于自然平均水平，随之而来的将是驯化植物的遗传多样性缺失与粮食安全的下降风险。遗传物质的稳定输入能够产生遗传变异性，而这种变异性对克服疾病暴发、适应气候变化非常必要。与此同时，由于生命科学掌握了遗传资源的价值，基因技术使得申请专利更具可行性，因而遗传变异性的经济利益与日俱增(Kate and Laird，1999)。

大部分陆生动物的物种多样性存在于热带地区，主要是发展中国家，这使得CBD谈判时要对这些国家放一马，因而提高了谈判的冲突水平。发展中国家在经济补偿要求方面取得了一致的突破性进展：① 需要对昂贵的生物多样性保护工作进行补偿；② 需要对高科技的税收不足进行补偿，它们往往倾向于为能够从南半球免费获取的遗传物质申请专利(Rosendal，2000)。为了避免侵吞(生物剽窃)遗传资源，CBD缔约方制定了生物遗传资源获取和惠益分享国际制度(通常简称为ABS)(Shiva, 1997),作为保护和可持续利用生物多样性的先决条件。CBD重新确认国家的遗传资源主权(见"主权"),并且通过事先知情同意原则寻求知识产权(IPR)的平衡,即获取遗传资源应以双方同意为条件,并且遵循事先知情同意程序(Swanson, 1995)。然而把CBD原则转化为可操作的政策是十分困难的(Le Prestre, 2002)。虽然大部分发展中国家制定了ABS法规以确保实现它们的遗传资源的惠益分享,但是几乎没有一个遗传资源使用者国家制定兼容法规来支持ABS(Gehl Sampath, 2005)。其中,专利申请中披露遗传资源来源的要求就是一个失败做法(Tvedt, 2006)。

两个协议详细阐述了CBD。第一,《卡塔赫纳生物安全议定书》(2000)。它建立在预先防范原则上,即建立事先知情同意程序来帮助相关国家在同意进口转基因生物前做出决策。预先防范和生物安全原则与世界贸易组织的"可靠科学"原则相抵触(Falkner and Gupta, 2009)。第二,2010年《名古屋议定书》。它重新订立CBD目标——遗传资源的提供者和使用者之间的利益分享,并计划解决ABS框架的遵约和执行不力的问题。在不能与使用者国家措施兼容的情况下,改进的ABS执行计划不可能确保与提供者国家进行更公平的分配(Oberthür and Rosendal, 2014)。

除去遗传资源的直接经济价值,生物多样性还提供生态系统服务,比如当地水资源和气候调节、建筑材料和木柴、授粉与土壤肥力。生物多样性具有文化价值、娱乐价值和内在价值(见"生态中心主义"),也许并不适合商业化。CBD的生态系统方法认为,人类是生态系统不可或缺的组成部分。由于对生态系统最大的威胁是土地用途改变,因而该方法建议对其进行管理以降低市场扭曲,否则市场扭曲会低估自然系统的价值并且提供不正当的激励和补偿(EC,2008)。每年的生物多样性损失可以剥夺人类价值250亿美元的生态系统服务(MEA,2005)。

ABS和知识产权的平衡问题仍然争论不休,并且该问题对于仍不是CBD成员国的美国也至关重要。维护土著人和当地社群的生物多样性传统知识权益,也同样受到争议。越来越多的研究关注CBD和相关国际法律文件之间的制度互动。这种交互影响包括增强政策的一致性、避免CITES等生物多样性相关条约之间的权力之争,其中,世界粮农组织(Chiarolla, 2011)、《气候变化框架公约》(UNEP,2009)、世界贸易组织(Pavoni, 2013)之间的权力之争最为激烈。

参考文献

Chiarolla, Claudio. 2011. *Intellectual Property, Agriculture and Global Food Security—The Privatization of Crop Diversity*. Cheltenham and Northampton, Edward Elgar.

EC (European Communities). 2008. *The Economics of Ecosystems and Biodiversity*. European Communities. Wesseling, Welzel and Hardt.

Falkner, Robert and Aarti Gupta. 2009. "The Limits of Regulatory Convergence: Globalization and GMO Politics in the South." *International Environmental Agreements* 9: 113–133.

Gehl Sampath, P. 2005. *Regulating Bioprospecting: Institutions for Drug Research, Access and Benefit Sharing*. New York, United Nations University.

Kate, Kary ten and Sarah Laird. 1999. *The Commercial Use of Biodiversity: Access to Genetic Resources and Benefit-Sharing*. London, Earthscan.

Le Prestre, Philippe (Ed.). 2002. *Governing Global Biodiversity: Evolution and Implementation of the Convention on Biological Diversity*. Ashgate, Aldershot.

MEA (Millennium Ecosystem Assessment). 2005. *Ecosystems and Human Well-Being: Biodiversity Synthesis*. Washington, World Resources Institute.

Oberthür, Sebastian and G. Kristin Rosendal (Eds.). 2014. *Global Governance of Genetic Resources: Access and Benefit Sharing after the Nagoya Protocol*. London, Routledge.

Pavoni, Riccardo. 2013. "The Nagoya Protocol and WTO Law." In *The 2010 Nagoya Protocol on Access and Benefit Sharing in Perspective*, Eds. Elisa Morgera, Matthias Buck, and Elsa Tsioumani, 185–213. Leiden, Martinus Nijhoff.

Posey, Darrel A. and Graham Dutfield. 1996. *Beyond Intellectual Property: Toward Traditional Resource Rights for Indigenous Peoples and Local Communities*. Ottawa, International Development Research Centre.

Rosendal, G. Kristin. 2000. *The Convention on Biological Diversity and Developing Countries*. Dordrecht, Kluwer Academic Publishers.

Shiva, Vandana. 1997. *Biopiracy: The Plunder of Nature and Knowledge*. Cambridge, MA, South End Press.

Swanson, Timothy (Ed.). 1995. *Intellectual Property Rights and Biodiversity Conservation*. Cambridge, Cambridge University Press.

Tvedt, Morten Walløe. 2006. "Elements for Legislation in User Countries to Meet the Fair and Equitable Benefit-Sharing Commitment." *Journal of World Intellectual Property* 9(2): 189–212.

UNEP (United Nations Environment Programme). 2009. *The Natural Fix? The Role of Ecosystems in Climate Mitigation*. Birkeland, Norway.

边 界 组 织

玛丽亚·卡门·莱莫斯(Maria Carmen Lemos)
密歇根大学,美国
克里斯蒂娜·柯克霍夫(Christine Kirchhoff)
康涅狄格大学,美国

当科学家越来越觉得有必要界定科学的和其他非科学的行为时,“边界”这一概念开始出现。尽管一个严格的边界可以保护科学不被伪科学侵犯,但当科学应用的目的不仅仅是确认和描述问题(如基础科学),还需要提供解决问题的对策、方案时(如应用科学),严格边界就不怎么有效。随着国际社会开始认为科学有潜力解决人类最宏大和最政治化的问题时,边界的存在和必要性越来越具有争议性。社会关注的重点已从科学和决策的完全分隔转移到两者之间的模糊边界(Jasanoff, 1990),以便衔接科学与决策,同时避免两个极端:政治对科学的不当影响(科学的政治化)和政策规划与执行过程中过分的科学统治(政策的科学化)。

边界组织包括过程与结构,它的主要目的是跨越或稳固科学与实践应用之间的鸿沟。作为桥梁,边界组织促进科学与政策的合作,它维系科学家与非科学家间的合作,根据不同的决策情境导入或定制相关科学知识(Kirchhoff et al., 2013)。例如,《生物多样性公约》的科学、技术和工艺咨询附属机构(见“生物多样性公约”)就是一个边界组织,其目标是把科学导入政策过程,以期保护生物多样性。作为稳定剂,边界组织举办论坛,它允许参与者在立足自身专业的基础上,增进不同观点的参与,促进多个知识体系的交汇,建立特定问题的同业共同体。政府间气候变化专门委员会(IPCC)也在《气候变化框架公约》里发挥类似作用,帮助建立一个“脆弱的国际知识秩序”,包括来自多个国家和多种事务领域的科学组织、政治主体、社会主体(Hoppe et al., 2013: 288)。桥梁作用和稳定剂作用对于可用性来说，是必不可少的；缺少任意一个，可用性都会受到影响。例如，IPCC很好地发挥了稳定剂的作用；然而在高度政治化的领域里，气候是一个“邪恶的”问题，IPCC遇到诸多挑战，最终在公共政策的桥梁作用方面毫无建树（Hoppe et al.，2013）。

边界组织至少具备三个特征：第一，边界组织创造出一个合法化空间，有时激励“边界对象”的生产和使用——机制、过程、实物，甚至跨越科学（非科学）鸿沟的认识论，并且在保持科学的生产者和使用者个性的同时，提供一种合作方式（Guston，2001；Star and Griesemer，1989）。第二，边界组织包括从事“边界工作”的信息生产者、使用者和传播者——他们为保护科学不受政治行为和伪科学影响而做出努力（Gieryn，1983）。第三，边界组织居于生产者世界和使用者世界之间，在支持科学和社会联合秩序的同时对两者负有责任（Guston，2001）。

参考文献

Gieryn, Thomas F. 1983. "Boundary-work and the Demarcation of Science from Non-science: Strains and Interests in Professional Ideologies of Scientists." *American Sociological Review* 48(6): 781–795.

Guston, David H. 2001. "Boundary Organizations in Environmental Policy and Science: An Introduction." *Science, Technology, and Human Values* 26(4): 399–408.

Hoppe, Rob, Anna Wesselink, and Rose Cairns. 2013. "Lost in the Problem: The Role of Boundary Organizations in the Governance of Climate Change." *Wiley Interdisciplinary Reviews: Climate Change* 4(4): 283–300.

Jasanoff, Sheila. 1990. *The Fifth Branch: Science Advisers as Policymakers.* Cambridge, MA, Harvard University Press.

Kirchhoff, Christine J., Maria C. Lemos, and Suraje Dessai. 2013. "Actionable Knowledge for Environmental Decision Making: Broadening the Usability of Climate Science." *Annual Review of Environment and Natural Resources* 38: 393–414.

Star, Susan L. and James R. Griesemer. 1989. "Institutional Ecology, 'Translations' and Boundary Objects: Amateurs and Professionals in Berkeley's Museum of Vertebrate Zoology 1907–39." *Social Studies of Science* 19(3): 387–420.

商业和企业

多丽丝·富克斯（Doris Fuchs）和
巴斯琴·克内贝尔（Bastian Knebel）
明斯特大学，德国

商业参与者在全球环境治理中发挥中心作用。他们以圆桌会议、联盟和协会的形式对各种层面的治理独自发挥作用，也可以借由企业发起（或资助）的非政府组织（BINGOs）发挥作用。过去，协会发挥主导作用，特别是在国家和区域（欧洲）层面。世界可持续发展工商理事会（WBCSD）创建于1992年地球峰会的筹备阶段，组织和引导全球环境治理中的商业参与。但是，今天大量商业影响来自个人或一小部分的跨国公司（TNCs），跨国公司已经意识到它们的利益与中小企业迥然不同，并且有条件对政治活动进行自主投资。因此，跨国公司游说国家和区域的政府机构、政府间机构，出席所有相关的国际环境条约谈判。当然，不同TNCs的利益并不总是契合的。学者发现，当企业进行多方游说时，商业影响则相对有限（Falkner，2008）。

传统意义上，商业参与者主要间接地影响政治产出，尤其通过游说，或通过对不支持的政治议案施加隐形的威胁。然而过去十年，他们开始逐渐以自发的规则制定者，或者政府（全球）治理的合作伙伴的身份出现（Fuchs and Vogelmann，2008）。在全球环境治理领域中，企业通过公私伙伴关系或者自愿标签和认证计划等私人机制引起全球关注，表明其史无前例地掌握了政治权威和合法性。

学者和政治家模棱两可地评价了企业的上述行为。虽然他们承认私人环境治理倡议背后的驱动力，是保护声誉和避免更严格的公共监管，但是对私人环境治理的含义仍未达成共识。一些观察人士认为，私人参与者有效地帮助解决国际集体行动问题，有助于提供全球公共物品（Glasbergen，2010）。他们看见私人企业承担责任，并且期待企业能够在公共债务日益上升之际对环境目标提供经济资助。

然而,其他观察人士怀疑这些主动行为能否反映全球商业的实际环保意识或者全球环境治理的实际增强,他们认为企业环境治理过分关注形象、渴望比政府抢先行动,这往往限制了其对漂绿行为的治理(Utting, 2002)。统计分析不能找到责任关怀项目和会员身份对环境改进率产生积极影响的证据,例如有分析表明,肮脏的公司实际更愿意参与责任关怀项目(King and Lenox, 2000)。批判型观察人士指出,环境治理的商业投资(只)可能存在于双赢的情况下,例如能效的改进带来生产成本的下降。同样地,相对于竞争对手,杜邦在开发氯氟烃的替代品的优势令其成为《关于消耗臭氧层物质的蒙特利尔议定书》(简称《蒙特利尔议定书》)和《臭氧层框架公约》的倡导者。然而大量的环境问题和环境公共利益问题却存在于解决环境问题的成本超过商业参与者经济收益的领域。

ISO14000 环境管理系列标准和"可持续"森林标准,是私人规则制定行为遭受批评的典型案例(见"审计")。虽然 ISO14000 标准的有限的环境解决方案受到批评,但却在 1996 年被世界标准化组织采纳,很快就被其他国际政府组织所认可(Clapp, 1998)。私人森林标准的情形与之相反,当企业、商会、土著人和当地社群以及环境非政府组织提出森林管理委员会(FSC)标签和认证计划时,其是极具前景的。然而商业参与者的联盟不久就提出了低标准的竞争性标签(如美国制浆造纸协会),这样就给消费者带来了困惑,而且削弱了森林管理委员会 FSC 标签的有效性(Gale, 2002)。

长期以来,全球环境治理的理论鲜少解释商业和企业的影响力。但是,近期研究在这个关键问题上给出了有用的分析观点(见"批判的政治经济学")。例如,富克斯引入一个商业规制影响力、物质结构影响力、概念结构(话语)影响力的三维度框架,用以分析不同治理领域商业影响力(Fuchs, 2013)。商业参与者通过院外游说和选举资助来影响政策结果,从而发挥规制影响力。从物质结构主义视角来看,企业得到议题设置权力,比如通过制度安排中的地位,特别是它们的财政和技术资源,对投资、就业和市场准入的控制,来影响政治过程的输入端。重要的是,这些资源也把它们置于创设、实施和强化自己的规则和标准的位置。而概念结构主义方法,经常指的是话语方法,揭示了公司力量的规范条件。概念影响力塑造社会认知和价值。商业参与者不断提出新的话语,如"企业社会责任",从而提升自己的公共形象。它们也开展媒体运动,有时由 BINGOs 安排。BINGOs 实际上也是企业主体的全球环境治理工具,比如 BINGOs 在国际气候协商里就发挥了可观的影响力(Levy, 2004)。

总之,整个商业参与者,尤其是公司已经成为全球环境治理的关键主体。它们的影响力不仅对国家主权,而且对国际监管方式和整个民主政治带来挑战。

参考文献

Clapp, Jennifer. 1998. "The Privatization of Global Environmental Governance." *Global Governance* 4(3): 295–316.

Falkner, Robert. 2008. *Business Power and Conflict in International Environmental Politics*. Basingstoke, Palgrave.

Fuchs, Doris. 2013. "Theorizing the Power of Global Companies." In *Handbook of Global Companies*, Ed. John Mikler, 77–95. New York, Wiley-Blackwell.

Fuchs, Doris and Jörg Vogelmann. 2008. "Business Power in Shaping the Sustainability of Development." In *Transnational Private Governance and Its Limits*, Eds. Jean-Christophe Graz and Andreas Nölke, 71–83. London, Routledge.

Gale, Fred. 2002. "*Caveat Certificatum*." In *Confronting Consumption*, Eds. Thomas Princen, Michael Maniates, and Ken Conca, 275–300. Cambridge, MA, MIT Press.

Glasbergen, Pieter. 2010. "Global Action Networks: Agents for Collective Action." *Global Environmental Change* 20(1): 130–141.

King, Andrew and Michael Lenox. 2000. "Industry Self-Regulation without Sanctions." *Academy of Management Journal* 43(4): 698–716.

Levy, David. 2004. "Business and the Evolution of the Climate Regime: The Dynamics of Corporate Strategies." In *The Business of Global Environmental Governance*, Eds. David Levy and Peter Newell, 73–104. Cambridge, MA, MIT Press.

Utting, Peter (Ed.). 2002. *The Greening of Business in Developing Countries*. London, Zed Books.

承载能力范式

内森·F.塞尔（Nathan F. Sayre）和
亚当·罗梅罗（Adam Romero）
加州大学伯克利分校，美国

承载能力可以被界定为变量 Y 应当支持或者运送的变量 X 的数量；在大部分应用中，超出承载能力被认为对变量 X、变量 Y 或者两者带来损害。

许多领域的学者抛弃了承载能力的概念，但是这一概念依然留存下来。最近几十年来，在地球尺度内及其重要的子单元内，关于人口总量和赖以生存的环境的讨论激增。尽管承载能力概念本身并不总是一直使用，但它却是人口可持续性和可持续发展的关键理念。

承载能力范式被定义为一套方法、概念和假定，它支持了人类—环境互动可以并且应当根据 $X:Y$ 的值（承载能力的表达形式）进行理解的观点。测量方法的提出和改进，是关于增长极限、生态系统服务、生物承载力和自然资本的争论的核心。但是范式的支撑概念和假定的来源及意义，往往是先验的。

范式在起源之时，就与新马尔萨斯主义相结合，使用系统分析和情景的方法来研究世界人口。新马尔萨斯主义出现于第二次世界大战时期，战后随着计算机的兴起，它开始与系统分析相结合。最具影响力的例子是《增长的极限》(Meadows et al., 1972)，这是罗马俱乐部关于人类困境的里程碑式的报告。

把困境定义为在有限世界的限制下，协调经济和人口增长后，俱乐部——一个由来自商界、政界和学界的“世界公民”组成的智囊团——求教于麻省理工学院杰伊·福里斯特(Jay Forrester)教授，请他提出一个基于“科学方法、系统分析和现代计算机”的“正式的、书面的世界模型”(Meadows et al., 1972: 21)。杰伊·福里斯特的模型最初用来理解工业和企业动力机制，但是随后应用于城市和世界。在杰伊·福里斯特(1971)对世界模型的报告里，他得出结论，工业化是人口增长和环境问题两方面的主要驱动力，发展中国家避免问题发生的最好办法就是不要进行工业化。

尽管比马尔萨斯的人口原则复杂得多，《增长的极限》模型和马尔萨斯模型一样，相信算术增长和几何(指数)增长的数学差异。指数或“非线性”增长包含子系统间的复杂正反馈；如果听之任之，作者则警告说，“地球增长的极限将会在下一个百年的某一时刻来临。最有可能的结果将会是一个突然的、不可控的衰退，既发生在人口方面也发生在工业能力方面”(Meadows et al., 1972: 23)。

《增长的极限》激起了学术领域和政策领域的激烈讨论，它的作者基于最新数据和改进模型又出版了两次更新报告(Meadows et al., 1992, 2004)。但其基本概念框架始终保留不变，只是 X 和 Y 承载能力的量化工具数量激增。其中包括“IPAT 公式”，即影响＝人口数量×富裕程度×技术，用来解释与经济发展不匹配的人口总量所带来的相关影响，以及生态足迹分析，并根据满足人类需求和吸收废弃物所需消耗的地球数量来测量人类影响(Wackernagel and Rees, 1996)。数字超过 1 表明“突破限额”，这在 20 世纪晚期已经出现。生态足迹分析也可以测量小规模的影响，在线“计算器”使得消费者、投资者、企业、城市和国家能够测量他们所在地域或水域的生态足迹。现在，涌现出了数个学术子领域，它们致力于测量“生物承载力”和识别人类影响的生态指标，比如地球每年因人类活动而使用或退化的陆生、水生净初级生产力所占的百分比。

对承载能力范式的批评一直存在，主要来自经济学家以及自由环境主义和生态现代化的支持者们。一些人对《增长的极限》一书中的模型质量和后续研究提出质疑；其他人对承载能力范式的警告不以为然，认为这不过是卡珊德拉(凶事预言家：译者注)的危言耸听。但上一次世界经济危机以及越来越多的人为气候改变证据，表明承载能力范式的预言实际上是正确的。

承载能力范式自身的基本概念和假定在这些争论中被忽视了。它从系统分析那里沿袭了封闭、有边界的模型假定，因此模型可以被构建和运行，就像具有公式和算法的复杂程序一样(见“热经济学”)。这被视为(仍有争议)科学和技术实践的前沿，但是它既不能解释未纳入模型的外生因素，也不能解释模型组成部分和变量的内生质变。

承载能力内部的概念障碍更为严重。按照定义，人类的生态足迹能够超过 1 个地球，但这似乎不可能发生。支持者坚称，系统回应的滞后会导致这一状况。但是这种解释回避了一个问题。通过推理或模型得到的任意 $X:Y$ 的值是一个理想假设,并不符合实际。现实需要引入中介因素或反向力量(如马尔萨斯的"苦难和罪恶"),与此同时带来更多的限制条件(如果不是即刻,那么就是将来某个时刻),这是理想与现实不一致的原因所在。由于承载能力不适用实证检验方法,因而应在其定义中探索实证和规范相结合的方法(Sayre, 2008)。

系统分析中的超调量(最大偏差),指的并不是在载荷和能力之间的测量差异,而是反馈机制不能有效地施加控制。事实上,承载能力范式的倡导者向社会警告工业资本主义不断增长的环境和社会问题,试图保障反馈机制的正常运行。这是一个有益的夙愿,但是定量科学的修辞力量似乎并不足以达成心愿。

参考文献

Forrester, Jay W. 1971. *World Dynamics*. Cambridge, Wright-Allen Press Inc.

Meadows, Donella H., Dennis L. Meadows, Jorgen Randers, and William W. Behrens III. 1972. *The Limits to Growth*. New York, Universe Books.

Meadows, Donella H., Dennis L. Meadows, and Jorgen Randers. 1992. *Beyond the Limits*. Post Mills, Chelsea Green Publishing.

Meadows, Donella H., Jorgen Randers, and Dennis L. Meadows. 2004. *Limits to Growth: The 30-Year Update*. White River Junction, VT, Chelsea Green Publishing.

Sayre, Nathan F. 2008. "The Genesis, History, and Limits of Carrying Capacity." *Annals of the Association of American Geographers* 98(1): 120–134.

Wackernagel, Mathis and William E. Rees. 1996. *Our Ecological Footprint*. Philadelphia, PA, New Society Publishers.

濒危野生动植物种国际贸易公约

丹尼尔·康帕农（Daniel Compagnon）
波尔多政治学院，法国

随着全球化的推进，野生动物和野生动物产品贸易迅速增长，每年的贸易市值达数十亿美元。《濒危野生动植物种国际贸易公约》(CITES)正着手解决因野生动物贸易而导致的生物多样性枯竭问题。虽然不是所有动植物都像黑犀牛、亚洲虎或非洲象一样濒临灭绝，但是广为人知的国际自然保护联盟濒危物种红色名录，自 1963 年起每年发布一次，证明了对野生动物的贸易监管进行国际合作是极其必要的。

IUCN 于 1963 年通过的草案促成了于 1973 年 3 月 3 日签署的《华盛顿公约》。CITES 于 1975 年 7 月 1 日开始生效，截至目前成员国已超过 175 个。1972 年斯德哥尔摩会议一结束就通过的 CITES，是少数几个多边环境条约之一，从创立之初就反映出一些西方国家对野生动植物保护的担忧。美国基于其健全的国内保护立法体系，在其中仍然发挥领导作用。

被收录在 CITES 里的物种超过 33 000 个，并且列入三个附录：附录 1(禁止贸易)、附录 2(根据配额制度允许有限贸易)和附录 3(至少被一个国家列为保护生物，贸易管制)。此外，CITES 的参与国数量众多，包含多种政治和经济意义。因此，它更像是通用框架下的一系列具有物种特异性的亚机制。CITES 深受规则、观念、权力关系和经济利益的影响。例如“濒危物种”，这个概念经过对诸如非洲象和大鲸鱼之类象征性物种的保护和保育(Mofson, 1997)措施的激烈讨论才构建出来(Epstein, 2006)。

凭借一系列由成员国海关和警察实施的进口/出口许可，CITES 在产出和结果方面相对有效，但是它的影响力依旧有限，因为贸易和物种灭绝之间的因果关系在大多数情况下是不确定的(Curlier and Andresen, 2001)，正如 2013 年缔约方大会(COP)关于北极熊的论战所表明的一样。CITES

也存在几个漏洞：因为列入(踢出)名录的修正案需要三分之二多数通过，少部分国家和贸易伙伴可以行使否决权；在修正案被接受后的 90 天内，成员国可以宣称至关重要的国家利益而对修正案提出保留，随后在进行该物种有关贸易时，不作为此名录的缔约国对待。

实践中，每次缔约方大会(COP)平均投票表决 30～50 个修正案，只有少数几个受到争议。在大多数情况下，被投票击败的国家，即使很有影响力，为了维护制度信誉，也往往接受令人不快的修正案(Sand，1997)。即使是最不满意的成员国(1989 年国际社会全面禁止象牙贸易，南部非洲国家的贸易受到严重影响)也往往保留在公约里，并试图利用规则从内部改变(Mofson，1997)。

尽管物种名录在不同成员国之间分配成本与收益，而且它还允许议价、建立联盟和投否决票，但是 CITES 通过决议更多的是依靠论证的逻辑而不是讨价还价。就像人口评估经常存在争议一样，CITES 程序倾向于支持经得起推理论证的决议。缔约方大会做出采纳或拒绝秘书处提议的决定，是基于科学信息、审议过程以及 1994 年(罗德岱堡)第九次缔约方大会(COP9)通过的增强准则。共识一旦建立，利益相关者的议价影响就变得有限，即使是对修正案提出保留也是如此(Gehring and Ruffing，2008)。

CITIES 缺乏当即的遵约和执行，尤其是最不发达国家(LDCs)，法制不健全，国家执行力不足，因而影响有限(Compagnon et al.，2012)。在互联网为国际犯罪网络提供更便捷的通道的今天，如果越来越多的非洲国家不能够应付装备精良的偷猎者团伙，亚洲新兴国家的富裕中产阶级将会刺激野生动物贸易需求(Zimmerman，2003)。

参考文献

Compagnon, Daniel, Sander Chan, and Ayçem Mert. 2012. "The Changing Role of the State." In *Global Environmental Governance Reconsidered*, Eds. Franck Biermann and Philipp Pattberg, 237–263. Cambridge, MA, MIT Press.

Curlier, Maaria and Steinar Andresen. 2001. "International Trade in Endangered Species: The CITES Regime." In *Environmental Regime Effectiveness: Confronting Theory with Evidence*, Eds. Edward L. Miles, Arild Underdal, Steinar Andresen, Jørgen Wettestad, Jon Birger Skjaerseth, and Elaine M. Carlin, 357–378. Cambridge, MA, MIT Press.

Epstein, Charlotte. 2006. "The Making of Global Environmental Norms: Endangered Species Protection." *Global Environmental Politics* 6(2): 32–54.

Gehring, Thomas and Eva Ruffing. 2008. "When Arguments Prevail Over Power: The CITES Procedure for the Listing of Endangered Species." *Global Environmental Politics* 8(2): 123–148.

Mofson, Phyllis. 1997. "Zimbabwe and CITES: Illustrating the Reciprocal Relationship between the State and the International Regime." In *The Internationalization of Environmental Protection*, Eds. Miranda A. Schreurs and Elisabeth C. Economy, 162–187. Cambridge, Cambridge University Press.

Sand, Peter H. 1997. "Whither CITES? The Evolution of a Treaty Regime in the Borderland of Trade and Environment." *European Journal of International Law* 8(1): 29–58.

Zimmerman, Mara E. 2003. "The Black Market for Wildlife: Combating Transnational Organized Crime in the Illegal Wildlife Trade." *Vanderbilt Journal of Transnational Law* 36: 1657–1689.

气候变化框架公约

哈罗·范·阿塞尔特(Harro van Asselt)
斯德哥尔摩环境学院,瑞典

20世纪80年代,气候变化受到国际政治议程的关注,一半是因为对气候变化的人为原因达成了科学共识,另一半是因为不断增强的公民意识。1990年,条约谈判伊始,便暴露出发达国家与发展中国家对于国际气候政策的分歧观点(Bodansky, 1993)。1992年的《联合国气候变化框架公约》(UNFCCC)没有缓解国家之间的潜在的紧张关系,而是通过一个框架协议提供和解方案,搁置困难问题,包括整体目标和工作分配的相关问题。所有国家都认识到,发达国家在它们的快速工业化时期已排放大量的温室气体,出于环境正义,这些国家应当在减排以及向发展中国家提供财政和科技支持方面首当其冲。然而公约既没有包含法定的减排目标,也没有明确资助金额。

UNFCCC的终极目标是实现"将大气中的温室气体含量稳定在一个适当的水平,进而防止剧烈的气候改变对人类造成伤害"(条款2)。公约罗列了一些原则,其中最知名的是共同但有区别的责任(CBDR)。这一原则通过引入一个发达国家(附录Ⅰ)—发展中国家(非附录Ⅰ)的双边义务系统而得以实现。

依据《臭氧层框架公约》的框架—协议的先例,1997年的《京都议定书》详细说明了UNFCCC的条款,通过引入发达国家的法定减排目标,承诺到2012年全球碳排放总量在1990年的基础上减少5%。为了帮助发达国家实现减排目标,议定书也引入了三个弹性机制:联合履约机制、清洁发展机制(CDM)和国际排放贸易机制。前两个机制是基于项目的排放授信方案:联合履约机制提供发达国家之间的碳排放贸易,而清洁发展机制提供发达国家和发展中国家之间的碳排放贸易。相反的,国际排放贸易是一个"限额交易”系统，它设置了排放限额，在发达国家之间分配排放配额。

尽管《京都议定书》在发达国家的指定目标和时间表方面已经迈出了重要一步，但它仍然把许多重要细节留给未来的谈判。这些细节包括弹性机制的规则、遵约和执行系统、土地利用、土地利用改变和造林、条约的筹资机制(包括适应气候变化的资金)。在这些争议问题上未能达成一致导致2001年缔约方大会破裂，同年美国布什政府拒绝承认《京都议定书》。美国的离开危及协议的未来，然而欧盟为了保证加拿大、俄罗斯等其他发达国家的关键参与做出了妥协，以确保《京都议定书》能够于2005年正式生效。

随着议定书的规则手册大部分确立，并在大多数国家开始实行，2012年之后的全球气候政策成为国际讨论的关键议题。《气候变化框架公约》的设计和有效性，特别是《京都议定书》，受到越来越多的抨击，批评者(如Victor，2004；Prins Rayner，2007)指出了《京都议定书》的目标与避免危险气候所需的减排水平之间的不一致，也指出了发展中国家的缺位、弹性机制(尤其是清洁发展机制)的问题及履约机制的缺点(事实上没能阻止2011年加拿大退出《京都议定书》)。

2007年的《巴厘行动计划》已开启了一场谈判，它暴露出公约缔约方之间的裂痕，特别是关于附录Ⅰ和非附录Ⅰ国家之间的“防火墙”问题。考虑到诸如巴西、南非、印度等新兴国家不断增加的排放，美国等发达国家提出，发展中国家应加大减排力度。而另一方面，发展中国家对发达国家缺乏进展感到不满，尤其关于气候资助的提供和清洁技术的转让。根据国际法，大多数其他主要经济体在排放方面不受法律约束。面对这一事实，欧盟——同时也在解决国内竞争力和经济衰退问题——成为一个越来越不情愿的领导者，尽管它正朝着《京都议定书》的目标前进(Jordan et al.，2010)。

《巴厘行动计划》的缔约方同意两年后商议一个新的气候协定，但众所周知，2009年它们在哥本哈根未能如愿。《哥本哈根协议》——少数国家之间的协商——却提供了后续协定的基础，引领了《气候变化框架公约》的新方向(Rajamani，2011)。哥本哈根协议和后续坎昆(2010)、德班(2011)协议所指出的路径，由《京都议定书》引入的“减排目标与减排时间表”方式转变为一个伴有国际监管、报告、核查程序的自我选择的排放承诺与行动体系。在新路径下，发达国家与发展中国家的区别越来越不重要。

气候框架协议的未来依旧不确定。虽然2011年德班协议的缔约方同意在2015年前商议“一个协议，在公约框架下的另一个法律文件或一个具有法律约束力的认同结果”。这个协议在多大程度上建立在《京都议定书》上，抑或它体现出《哥本哈根协议》的新方向，这些都不明确。环境问题的全球回应可能受到《气候变化框架公约》与 UNFCCC 之外的过多倡议——这些倡议由公共部门和私人部门发起，跨越多个尺度，涉及碳市场、清洁能源技术和 REDD+等领域——之间的制度互动的影响(Biermann et al., 2009)。

参考文献

Biermann, Frank, Philipp Pattberg, Harro van Asselt, and Fariborz Zelli. 2009. "The Fragmentation of Global Governance Architectures: A Framework for Analysis." *Global Environmental Politics* 9(4): 14–40.

Bodansky, Daniel M. 1993. "The United Nations Framework Convention on Climate Change: A Commentary." *Yale Journal of International Law* 18(2): 451–558.

Jordan, Andrew, Dave Huitema, Harro van Asselt, Tim Rayner, and Frans Berkhout (Eds.). 2010. *Climate Change Policy in the European Union: Confronting the Dilemmas of Mitigation and Adaptation?*. Cambridge, Cambridge University Press.

Prins, Gwyn and Steve Rayner. 2007. "Time to Ditch Kyoto." *Nature* 449(7165): 973–975.

Rajamani, Lavanya. 2011. "The Cancun Climate Change Agreements: Reading the Text, Subtext and Tealeaves." *International and Comparative Law Quarterly* 60(2): 499–519.

Victor, David G. 2004. *The Collapse of the Kyoto Protocol and the Struggle to Slow Global Warming*. Princeton, NJ, Princeton University Press.

可持续发展委员会

林恩·M.瓦格纳(Lynn M. Wagner)
国际可持续发展研究所，加拿大

可持续发展委员会(CSD)为外界提供了一个了解1992年联合国环境与发展会议(UNCED,也称为“地球峰会”)至2012年联合国可持续发展大会(也称为“里约＋20”,见“峰会外交”)期间的政府间可持续发展决策过程的窗口(见“峰会外交”)。UNCED行动计划,名为“21世纪议程”,呼吁创设CSD以确保会议后续行动的有效开展,于是CSD始于地球峰会之后的一片兴奋之中(Chasek, 2000)。尽管联合国所有成员国都可以参与年会,但CSD包含了通过轮流选举产生的53个联合国成员国,它们共同由一个专门的秘书处推进工作。作为联合国经济和社会理事会(ECOSOG)的职司委员会,它的决定将呈送给ECOSOG年会,以期获得最终批准。

然而20年后,CSD的代表在两次年会上均未能达成协议,即使达成协议的年会也并不被认为符合CSD的初衷(Doran and Van Alstine, 2007; Wagner, 2013)。发达国家与发展中国家的分歧越来越严重,CSD未能为其产品开发出“一系列清晰的‘用户群’或客户”(Doran and Van Alstine, 2007: 139)。

CSD提供了一个关于联合国管理体制里的位置如何影响组织履行任务的能力的研究个案。最初,比格和多兹表明,CSD与联合国系统的其他部门存在“垂直和水平”的联系,来自关注可持续发展的联合国其他部门的支持与可持续发展委员会的自身努力相辅相成(Bigg and Dodds, 1997)。然而数年后,瓦格纳(2005)指出,联合国系统的重心转向千年发展目标的实现。瓦格纳(2005)和卡萨(Kaasa, 2007)评价了继重心转向之后可持续发展委员会的有效性,并识别出CSD地位较低的好处——它提供了不能在其他论坛得到解决的问题的跨政府讨论的论坛,帮助设立某些议题的跨政府议程——但是没有一个分析发现 CSD 是完全有效的。

学者也关注 CSD 成员国的谈判联盟和 CSD 在邀请非国家实体与政府一起参与可持续发展的讨论中所发挥的作用："可持续发展委员会的非凡成就之一就是它致力于高度参与方式，致力于为 21 世纪议程的所有利益相关者提供参与讨论并且解决问题的机会。"(Doran and Van Alstine，2007：132)

参考文献

Bigg, T. and Felix Dodds. 1997. "The UN Commission on Sustainable Development." In *The Way Forward: Beyond Agenda 21*, Ed. Felix Dodds, 15–36. London, Earthscan Publications.

Chasek, Pamela. 2000. "The UN Commission on Sustainable Development: The First Five Years." In *The Global Environment in the Twenty-first Century: Prospects for International Cooperation*, Ed. Pamela S. Chasek, 378–398. Tokyo, United Nations University.

Doran, Peter and James Van Alstine. 2007. "The Fourteenth Session of the UN Commission on Sustainable Development: The Energy Session." *Environmental Politics* 16(1): 130–142.

Kaasa, Stine Madland. 2007. "The UN Commission on Sustainable Development: Which Mechanisms Explain Its Accomplishments?" *Global Environmental Politics* 7(3): 107–129.

Wagner, Lynn M. 2005. "A Commission Will Lead Them? The UN Commission on Sustainable Development and UNCED Follow-Up." In *Global Challenges: Furthering the Multilateral Process for Sustainable Development*, Eds. Angela Churie Kallhauge, Gunnar Sjöstedt, and Elisabeth Corell, 103–122. Sheffield, Greenleaf Publishing.

Wagner, Lynn M. 2013. "A Forty-Year Search for a Single-Negotiating Text: Rio+20 as a Post-Agreement Negotiation." *International Negotiation* 18(3): 333–356.

共同但有区别的责任

史蒂夫·范德海登(Steve Vanderheiden)
科罗拉多大学波尔多分校,美国

共同但有区别的责任原则是可持续发展领域内的国际法和南北公平的原则之一。1992年里约地球峰会提出了两点关于原则的表述。

第一,《里约环境发展宣言》的陈述如下:鉴于造成全球环境退化的原因不同,各国承担共同但有区别的责任。考虑到自身给全球环境带来的压力和掌握的技术、金融资源,发达国家承认自己在谋求可持续发展方面承担的责任。

第二,192个缔约国接受"共同但有区别的责任"(或CBDR)框架,并通过《气候变化框架公约》来分配各国气候变化的责任。虽然CBDR在全球气候政策进展中的主要表现形式是1997年《京都议定书》附录Ⅰ的承担温室气体减排目标的发达国家和非附录Ⅰ的不承担减排目标的发展中国家的区分,但是这一原则提供了进一步细分气候变化相关责任的基础。结果,学者在寻求公平、正义的责任分担安排的过程中,依靠条约语言,努力把CBDR原则应用于后《京都议定书》的气候政策框架。

学者把CBDR以及同一条约中阐明的公平和能力认定为责任分担的主要原则,但是对这些原则的解读各异,而且维护原则时所使用的环境正义理论亦五花八门。公平可以理解为平等的人均国内排放权利,但是学者通常把国内生产总值当作"各自能力"的测量指标,认为富裕的国家承担更大的责任,而贫穷的国家承担更小的责任或者拥有强制性行动的绝对豁免权。一些人建议把GDP指标修正为发展相关的GDP份额(Baer et al., 2009),另一些人基于"历史排放受益大的国家会更加富裕"的假定,建议用能力取代受益者付费原则(Page, 2012)。

公平、能力都未能像CBDR那样受到学者的关注,CBDR有两个主要的解读方式，而且每个方式都有一些变式。自从呼吁各国对气候变化承担“有区别的责任”后，人们普遍认为这一责任取决于各国的温室气体排放。但是，不同方式关注不同的国家排放数据，并且为了达成特定的责任分担公式提出不同的数据修正方法。历史责任方式根据各国自工业化初期起的全部历史排放数据，最终把相对更大的责任分配给早期工业化国家，比如欧洲各国和美国，而相对更小的责任分配给后来的发展中国家，例如新兴的发展中国家中国和印度(Shue, 1999)。其他方式比如提出“基年”的概念，认为早期排放源于可以原谅的无知，虽然构成因果但对气候变化没有道义责任，因此在基年前的国家排放不计入责任评估。通常把1990年视作基年，因为该年度发布了联合国政府间气候变化专门委员会第一次评估报告，自此确认了人类行为与气候变化的明确联系，政府不能再以缺乏因果知识为由而逃避责任。

除去用来评估有区别的责任的国家温室气体排放数据的差别外，学者还提出了排放数据的修正或排放数据的豁免。根据“可以原谅的无知”的相关研究，对于本应采取行动却由于过失而造成的损失后果，国家应当承担过失责任(见“过失责任”)。一些学者认为，应区别对待与满足基本需求相关的排放(生存排放)和与进一步富裕相关的排放(奢侈排放)，在国家责任评估中计算后者而豁免前者(Vanderheiden, 2008)。如果被采纳，豁免将把相对低的人均排放的发展中国家的责任转移给相对高的奢侈排放的发达国家。

所有的CBDR公式都采用某种形式的污染者付费原则，具有相同的气候变化责任分配的规范性基础，但是它们对原则的解读却不尽相同。历史责任说认为，因为温室气体会长期存在于大气中，而且责任的基础应是因果关系，所以基于严格责任的理解，应按照历史总排放来分配责任。而国家排放豁免则援引了过错责任原则，既呼吁对责任过失进行法制建设，也呼吁用道德责任来区分无过错因果责任与富有罪责的因果责任。除了提出不同的构想外，学者也捍卫那些整合多个环境正义原则的方案——兼顾CBDR与公平和能力原则的责任分配方案(Caney, 2005)。

在政治上，CBDR依旧是国际气候政策责任分担安排的核心理想，是更普遍的可持续发展，只是仍然难以达成共识。不同的政策赋予了气候变化的不同责任分配，气候政策会议的国家代表团倾向于签署体现本国利益的政策。印度维护历史责任方式，豁免生存排放，而发达国家普遍不希望接受责任基础原则。美国明确拒绝国际法中任何关于CBDR的解释，因为这意味着接受“发展中国家的任何国际义务或责任的减少”(French，2000)。尽管如此，气候变化相关的环境正义公平分配问题需要把关注点投向这些原则的发展演变上来，可接受的原则对全球各国而言非常必要，它可以避免出现妨碍气候变化国际合作行动的“公地悲剧”事件，也有利于就有效补救气候的政策框架达成一致。

参考文献

Baer, Paul, Tom Athanasiou, Sivan Kartha, and Eric Kemp-Benedict. 2009. "Greenhouse Development Rights: A Proposal for a Fair Climate Treaty." *Ethics, Place and Environment* 12(3): 267–281.

Caney, Simon. 2005. "Cosmopolitan Justice, Responsibility, and Global Climate Change." *Leiden Journal of International Law* 18(4): 747–775.

French, Duncan. 2000. "Developing States and International Environmental Law: The Importance of Differentiated Responsibilities." *International and Comparative Law Quarterly* 49(1): 35–60.

Page, Edward. 2012. "Give it Up for Climate Change: A Defense of the Beneficiary Pays Principle." *International Theory* 4(2): 300–330.

Shue, Henry. 1999. "Global Environment and International Inequality. *International Affairs* 75(3): 531–545.

Vanderheiden, Steve. 2008. *Atmospheric Justice: A Political Theory of Climate Change*. New York, Oxford University Press.

人类的共同遗产

斯科特·J.沙克尔福德（Scott J. Shackelford）
印第安纳大学，美国

1968年，联合国大会第2届会议上，马耳他外长阿维德·帕多（Arvid Pardo）呼吁建立一个国际框架来"治理"国际水域"深海底"（Viikari，2002：33）。他提出海底应被宣称为人类的共同遗产（CHM）。这一倡导最终于1970年实现，帕多被誉为"海洋法会议之父"。CHM概念的革命性是，首次把超越国家主权的共有产权法典化。CHM直接把人类而不是国家当作一个整体来对待，它"超越国家边界把所有种族召集在普遍主义的旗帜下"，是一种四海一家的全球治理方式。

CHM来自两个观察发现：一是一些有价值的自然资源（如渔业治理下的资源）接近枯竭，发展中国家希望在资源耗尽前确保其具有某种程度的获取权利；二是因为技术优势使得发达国家能够获取有价值的新资源，除非强行技术转让，否则发展中国家与发达国家之间的技术鸿沟将阻止发展中国家像发达国家那样获益。帕多提出CHM这一概念的目的在于创造公平竞争环境或者公平地分享利益（Baslar，1998：301）。

学者和政策制定者都没有对CHM达成共识，概念的操作性定义可能包括五个主要因素（Frakes，2003：411－413）。第一，共同遗产空间中不存在任何使用价值，尽管一些学者主张没必要把这一禁令视为一个监管的重要障碍（Baslar，1998：90，235）。第二，所有国家必须合作管理全球公共池塘资源和全球公共物品。尽管集体管理是不现实的，但是必须创建一个专门机构以促进协调，如国际海底管理局管理深海底开采。第三，所有国家必须共同分享开发利用共同遗产地区的全球公共池塘资源所带来的惠益。第四，应当出于和平目的利用这些空间。但是，"和平"由什么构成，取决于正在讨论的共同遗产地区。例如，南极条约体系把和平利用等同于禁止"任何军事性质的措施”(Balsar，1998：106)，不同于1967年的《关于各国探索和利用包括月球和其他天体在内外层空间活动的原则条约》的宽泛定义。后者俗称外层空间条约，“专门为和平意图”保护空间，甚至解决外层空间的“有害污染”，但它没有直接指向可持续、和平的利用空间，部分原因是条约语言含糊其词。第五，必须为子孙后代的利益保护共同遗产地区，强调CHM核心的代际公平因素。

CHM概念已成为各学科讨论的主题，从考古学、经济学到包括空间法和国际环境法在内的国际公法。它已是1982年的《联合国海洋法公约》、1983年的《植物遗传资源的国际约定》的条约法，并且在1979年具有争议性的《关于各国在月球和其他天体上活动的协定》中也有相关表述。自20世纪60年代起，不明确的CHM概念很大程度上统率了全球公共领域，然而目前面临着压力(Baslar，1998：372-373)，例如国际环境条约在描述大气层时回避CHM术语(Boyle，1991：1-3)。

那么，CHM概念的未来如何，它防止“公地悲剧”的能力如何？一些法学学者，如凯末尔・巴斯拉(Kemal Baslar)，主张把环境治理中的CHM认定为人权和环境权以及国际法基本原则，从而回归到共有产权监管，这将促使国际社会对概念的接纳(1998：368-369)。另一些学者宁可把CHM概念的核心理念并入可持续发展运动，这涉及经济、社会发展，代际、代内公平以及环境保护和保育(Ellis，2008：644)。虽然可持续发展同样遭遇到CHM概念面临的含糊其词的问题，但它或许有助于把CHM的核心要素——公平、可持续地使用全球公共池塘资源——带入21世纪。

参考文献

Baslar, Kemal. 1998. *The Concept of the Common Heritage of Mankind in International Law*. The Hague, Martinus Nijhoff Publishers.

Boyle, Alan E. 1991. “International Law and the Protection of the Atmosphere: Concepts, Categories and Principles.” In *International Law and Global Climate Change*, Eds. Robin R. Churchill and David Freestone, 7–19. London, Kluwer Law International.

Ellis, Jaye. 2008. “Sustainable Development as a Legal Principle: A Rhetorical Analysis”. In *Select Proceedings of the European Society of International Law*, Eds. Hélène Ruiz Fabri, Rüdiger Wolfrum, and Jana Gogolin, 641–660. Oxford, Hart Publishing.

Frakes, Jennifer. 2003. "The Common Heritage of Mankind Principle and the Deep Seabed, Outer Space, and Antarctica: Will Developed and Developing Nations Reach a Compromise?" *Wisconsin International Law Journal* 21: 409–434.

Viikari, Lotta. 2002. *From Manganese Nodules to Lunar Regolith: A Comparative Legal Study of the Utilization of Natural Resources in the Deep Seabed and Outer Space*. Lapland, Lapland University Press.

遵约和执行

桑德琳·马尔去安-杜布瓦（Sandrine Maljean-Dubois）
艾克斯-马赛大学，法国

自20世纪90年代起，虽经历了20年的大量立法行为，学者和实务工作者仍在寻求提高国际环境法有效性的方式方法，特别是基于协议的义务。国际法的执行确实遭遇了长期的困难，执行被理解为缔约国所使用的国际协定、国内法的操作性工具，包括立法、行政和司法（Young，1999）。

缺乏执行力的原因多样，可能是因为该领域国际义务的柔性（经常模糊的、不明确的、开放结构的、非量化的、非自动执行的）或环境危害的特异性，也可能是因为国家没有，或者几乎没有能力来实现国际环境法提出的诸多要求。

回应违反国际义务的传统方法不再适合环境领域，即使国际争端解决机制正在不断发展完善，但它只是例外情况，在许多方面仍不能控制多边条约的遵约行为。相似的，反制措施并不是特别适合环境保护，因为国家义务不是互惠的，而是基于集体利益的。

另一解决困难、加强环境保护的途径是改进对不遵约的监督和回应机制（Sand，1992）。这些监督必须适应国际合作的多种特点。从缔约方寻求的公共利益的角度来看，相较于要求国家承担责任，给予困境国家以经济或技术援助是更合适的做法（Chayes and Chayes，1995）。在大多数情况下，合作与援助将会富有成效地取代制裁。为了提高条约执行力，各国出台了一些救济方案，必要时还会辅以法律、技术和经济援助。一些人相信促进遵约比处罚不遵约更重要，因为制裁会打击国家的参与积极性，从而鼓励搭便车。

上述因素促使人们努力探索，以寻求争端预防方法与创新国际监督程序。其中，创新在某种程度上可以借鉴裁军、人权等其他法律领域的成熟做法。自 20 世纪 90 年代起,一些环境协议建立了更明确、更宏大、更全球化、更一致的机制来实现对不遵约的监督和回应,从而成功地重塑自身,完善报告和其他监督方法(监督网络、调查)。

在大多数情况下,缔约方会议建立了遵约委员会,大多数这类委员会的设置目的是防止不遵约和促进遵约。当发生不遵约行为时,它们能帮助不遵约国家回归到遵约,例如使用技术转让。它们也可以制裁不遵约行为,解决争端。在这些情况下,监督和控制不再是双边和互惠的,而是多边和集中的,由条约实体(缔约方会议、附属机构和秘书处)处理,而实际制裁、援助和激励(胡萝卜加大棒)均可作为不遵约的回应。执行过程中运用软执行和非对抗方法,令执行更具灵活性。尽管理论上可以区分遵约—控制循环的不同阶段,而现实的边界是可以穿透的,一个状况能触发整个遵约—控制程序和阶段。不遵约机制是传统争端解决机制的替代,但两者并行不悖,结果是争端解决机制(至少理论上)在某些情况下可以补充和完善不遵约机制。最后,这些程序被用来说明和发展国家义务,以及评价国家义务的有效性。它们也促进共同的"做中学"和增加透明度,相应地建立互信,并限制搭便车行为(Brown Weiss and Jacobson, 1998; Malijean-Dubois and Rajamani, 2011)。

1990 年,《蒙特利尔议定书》中的不遵守情事程序,是环境协议里的第一个不遵约程序。这个开创性的程序已被其他十几个环境协议采用、改写,逐渐变为标准实践。虽然来自同一模型,但所有程序均具有自身特点。

而《联合国气候变化框架公约的京都议定书》,产生了迄今为止最为广泛的不遵约程序。《京都议定书》使用精准的经济工具来解决当前紧要的环境问题,其监控程序极具干预性。遵约委员会是准司法机构,包含两个分支机构:促进分支机构和强制执行分支机构。虽然强制的目的是劝诫说服,但是在未来的国际《气候变化框架公约》里,监控程序会被一个更具柔性的程序所取代,即"监督、报告、认证",也被简称为 MRV 体系,该体系自 2009 年起已被应用于气候变化框架公约下的《哥本哈根协议》。

《在环境问题上获得信息公众参与决策和诉诸法律的公约》(《奥尔胡斯公约》)的不遵约机制是另一典范,它在遵约委员会程序下承认公众权利。一旦出现下列四种情况就可以触发不遵约机制:缔约方就另一缔约方的遵约情况提出请求;缔约方就自己遵约情况提出请求;秘书处提交问题;公众就缔约方的遵约情况提出请求,公众参与正是《奥尔胡斯公约》不遵约机制的最不寻常之处。这是迄今应用最广泛的不遵约机制,它极大地促进了公众参与(Treves, 2009)。

参考文献

Brown Weiss, Edith and Harold K. Jacobson. 1998. *Engaging Countries: Strengthening Compliance with International Environmental Accords*. Cambridge, MA, MIT Press.

Chayes, Abram and Antonia H. Chayes. 1995. *The New Sovereignty: Compliance with Treaties in International Regulatory Regimes*. Cambridge, MA, Harvard University Press.

Maljean-Dubois, Sandrine and Lavanya Rajamani (Eds.). 2011. *Implementation of International Environmental Law*. The Hague Academy of International Law, Martinus Nijhoff.

Sand, Peter. 1992. *The Effectiveness of International Environmental Law: A Survey of Existing Legal Instruments*. Cambridge, Grotius Publications.

Treves, Tullio (Ed.). 2009. *Non-Compliance Procedures and Mechanisms and the Effectiveness of International Environmental Agreements*. The Hague, Asser Press.

Young, Oran. 1999. *The Effectiveness of International Environmental Regimes: Causal Connections and Behavioral Mechanisms*. Cambridge, MA, MIT Press.

保护和保育

让-弗雷德里克·莫林(Jean-Frédéric Morin)
布鲁塞尔自由大学,比利时

阿曼丁·奥尔西尼(Amandine Orsini)
圣路易斯大学,比利时

环境应该如何保护?两个对立的立场回答了这个问题。自然保护主义路径的支持者主张人类必须干预环境以积极促成可持续发展。他们相信,若采用林业技术(选种、采伐技术等),森林质量和覆盖率则可以连年保持不变。相反,环境保护主义路径的倡导者认为,人类应该尽可能远离自然,野火或物种灭绝等自然过程是必要的再生插曲,不应受到人为的促进或阻止(Epstein, 2006)。

自然保护主义的倡导者里有猎户、农户和渔民,19世纪末,倡导者呼吁国际合作以确保可持续开发利用自然资源和保护他们的活动。他们努力达成了数个协议,比如1881年的《防止葡萄根瘤蚜公约》,目的是保护欧洲葡萄酒厂不受美国害虫的影响,以及保护食虫鸟类的1902年的《农业益鸟保护公约》。自20世纪80年代起,一些发展中国家赞同自然保护主义路径,认为该路径可以保护它们的经济利益。例如,它们积极支持1992年的《生物多样性公约》,因为该公约有助于生物多样性的保护、生物多样性的可持续利用以及共享利用带来的利益。

环境保护主义的主张也深刻影响国际环境政治。塞拉俱乐部、皇家鸟类保护协会等非政府组织推动国家建造保护区来保护野生动物。国际社会现已缔结了一些旨在促进自然公园建造的国际条约,包括1940年的《西半球自然保护与野生动物保存公约》、1971年的《湿地公约》和1972年的《保护世界文化和自然遗产公约》。在存在一些争议的情况下,以环境保护主义的理由建造保护区,导致驱逐土著人和当地社群离开传统居住地(Adams and

Hutton, 2007)。其他一些环境保护协议的目的是保护特定物种，与地理位置无关，如 1973 年的 CITES 和 1979 年的《保护野生动物迁徙物种波恩公约》。这些条约不是为了未来的开发利用，而是出于科学的、休闲的、审美的理由，或是基于生态中心主义而保护自然资源。

在一些国际机制中，自然保护主义和环境保护主义观点公开冲突。国际捕鲸委员会是一个众所周知的例子，日本倡议可持续捕捞实践而美国和其他国家支持环境保护，反对所有捕鲸行为，即使某些鲸鱼不是濒危物种。在 CITES 下也存在激烈争论，一些非洲国家如肯尼亚，赞成象牙贸易的严格禁令，而其他国家如津巴布韦，主张不被管理的大象数目会对生态系统产生消极影响，而且象牙贸易能为环境保护提供资金(Stiles, 2004)。然而在其他一些框架公约里，自然保护主义和环境保护主义的观点并行不悖，并没有产生公开冲突。

参考文献

Adams, William and Jon Hutton. 2007. "People, Parks and Poverty: Political Ecology and Biodiversity Conservation." *Conservation and Society* 5(2): 147–183.

Epstein, Charlotte. 2006. "The Making of Global Environmental Norms: Endangered Species Protection." *Global Environmental Politics* 6(2): 32–54.

Stiles, Daniel. 2004. "The Ivory Trade and Elephant Conservation." *Environmental Conservation* 31(4): 309–321.

企业的社会责任

珍妮弗·克拉普（Jennifer Clapp）和
伊恩·H.罗兰兹（Ian H. Rowlands）
滑铁卢大学，加拿大

企业社会责任(CSR)指的是，商业和企业为了实现社会和环境目标，令与商业行为相关的社会和环境潜在成本最小化，而自愿采取的行动。CSR背后的原因是，企业自身最适合确保遵约和执行行为、监督环境和社会目标的进展情况，而且CSR同样具有商业价值。

20世纪60年代至70年代，许多国家加强了环境监管，到80年代早期，多数国家已建立维护规则的环境机构。80年代中期以后，随着环保自由主义的出现，国家驱动的"命令—控制"型环境监管开始失去政府青睐，更具弹性的企业驱动型自愿环境治理方式迎来了发展的广阔空间。最初有人担心，在商业模式里接受CSR的企业是否能实现它们优先考虑经济收益的受托责任。因为根据米尔顿·弗里德曼(Milton Friedman)的理论，企业的主要责任是产生利润，而不是考虑社会问题(Fleming et al., 2013)。

20世纪90年代早期，商业领袖斯蒂芬·施密德亨尼(Stephan Schmidheiny)[可持续发展工商理事会(建立于1990年)会长]在1992年里昂地球峰会上作为商业领袖的代表，开始捍卫CSR。他主张企业必须"改变方向"，把社会和环境问题置于决策的中心，因为这是企业经济利益所要求的。他把这个概念定义为"生态效率"。基本原理很简单：CSR将会通过更少的资源投入、更少的资源浪费来提高效率，削减成本，同时企业的绿色形象将有助于开创新市场(Schmidheiny, 1992)。

多数全球企业领袖，在21世纪早期拥抱CSR，人们普遍认为，企业知道如何更好地设计和运用比普适的"命令—控制"型监管更有效的环境措施。今天，许多人把CSR视为商业成功的事实条件。多数跨国企业从事某种

CSR活动，如报告、标签和认证，说明CSR已扎根于全球治理的规范体系(Dashwood, 2012)。

企业的CSR单独报告可能是最普遍的CSR活动。许多跨国公司现在定期发布CSR报告。CSR自我报告的范围，一般从“正确做事”的环境承诺概述，到特定项目或倡议的细项。CSR单独报告的缺点之一是企业可以选择报告内容，从而不受约束地塑造自身环境形象。例如，2000年，跨国石油公司英国石油公司在“超越石油”公关活动中广泛宣扬绿色能源活动，但是在随后的几年里，企业的主要投资仍旧在石油和天然气的开发利用领域。

企业容易因选择性CSR报告而遭受外界的批评，这是提出CSR集体行动方案的动因之一。责任关怀作为化工行业环境和安全倡议，是早期建立的行业环境行动守则，曾被用来直接回应1984年的印度帕博尔化工灾害。非政府组织和(或)国际组织等非行业利益相关者参与某些企业行为准则的制定。例如，全球报告倡议组织就是一个建立CSR报告标准的多利益相关者倡议组织(Utting and Clapp, 2008)。

其他多利益相关者倡议包括企业认证标准，比如森林管理委员会的可持续采伐标准、国际标准化组织环境管理ISO14000系列标准(Auld et al., 2008)。ISO26000(2010年发布)是一个兼顾社会责任的指导企业和组织进行最佳实践的新标准。如本文所述，企业积极参与共同CSR倡议，确实表明了企业严格要求自身的决心，但是CSR仍然是自愿性质，通常对不遵约行为没有约束力，而且由于缺乏透明度、关注过程而非关注结果，CSR受到了批评。

今天CSR的争论一般分为两大类：第一类聚焦企业级行为和审视企业行为动机，判断行为的影响是革新性的、过渡性的还是微不足道的(Crane et al., 2009)。关于CSR的影响，及其在不同部门、不同企业规模和不同地理位置的变化，有详细的案例研究，这些研究已经开始管窥这些问题，但是却没有明确回答企业动机及其行为影响这种更广泛的问题。

CSR争论的第二个重要领域聚焦于行业自我监管的可能影响。争论集中关注CSR活动是否可以完全代替绩效标准或征税等国家监管，而且这些争论也想了解企业对全球环境治理产生了怎样的影响，以及为了实现合法性、问责制、透明度和有效性等宏大目标，企业参与多利益主体倡议的意义是什么(Scherer and Palazzo, 2011)。上述问题的提出，表明公领域和私领域在治理方面的边界模糊，但是企业级“生态效率”(一些行业和企业有所改善)是否能带来更具变革性的“生态效益”(所有行业和企业做“好事”)

(McDonough and Brayngart，2010)，还要拭目以待。

参考文献

Auld, Graeme, Steven Bernstein, and Benjamin Cashore. 2008. "The New Corporate Social Responsibility." *Annual Review of Environment and Resources* 33: 413–435.

Crane, Andrew, Dirk Matten, Abagail McWilliams, Jeremy Moon, and Donald Siegel (Eds.). 2009. *The Oxford Handbook of Corporate Social Responsibility*. Oxford, Oxford University Press.

Dashwood, Hevina S. 2012. *The Rise of Global Corporate Social Responsibility: Mining and the Spread of Social Norms*. Cambridge, Cambridge University Press.

Fleming, Peter, John Roberts, and Christina Garsten. 2013. "In Search of Corporate Social Responsibility." *Organization* 20: 337–348.

McDonough, William and Michael Braungart. 2010. *Cradle to Cradle: Remaking the Way We Make Things*. New York, Macmillan.

Scherer, Andreas G. and Guido Palazzo. 2011. "The New Political Role of Business in a Globalized World: A Review of a New Perspective on CSR and its Implications for the Firm, Governance, and Democracy." *Journal of Management Studies* 48(4): 899–931.

Schmidheiny, Stephan. 1992. *Changing Course: A Global Business Perspective on Development and the Environment*. Cambridge, MA, MIT Press.

Utting, Peter and Jennifer Clapp (Eds.). 2008. *Corporate Accountability and Sustainable Development*. Oxford, Oxford University Press.

批判政治经济学

彼得·纽厄尔(Peter Newell)
萨塞克斯大学,英国

应用于全球环境政治研究和实践的批判政治经济学方法,呈现出一系列不同的形式,但是通常把这样一组问题作为它们的出发点:谁治理、如何治理、治理什么(不治理什么)和为了谁的利益(Newell, 2008)。尽管这些与政治经济学的经典问题有关:谁胜谁负,如何和为何,许多批判型陈述仍倾向于把全球环境制度安排置于更广阔的社会关系(例如阶层、种族和性别)和权力结构里。这有助于阐明在全球环境治理中,谁承担环境保护责任,谁不承担环境保护责任,如何承担环境保护责任和为何承担环境保护责任。国家间的权力关系、商业和企业(资本)以及国际机构占据了研究的核心地位,因为这些会影响全球环境行动的性质以及国家的功能(Paterson, 2001)。因此,对于许多批判性观点而言,比起仅仅关注环境管理机构的特征或重点关注脱离社会关系的国家,资本主义和它的不公平以及新自由主义全球经济组织形式,能够提供更多有关环境回应的性质和程度的线索。

随着1992年地球峰会的召开,许多批判性陈述从政治生态学传统发展起来,关注商业和企业在两个问题领域发挥的影响力。这两个问题领域分别是:如何处置那些妨碍全球环境对策有效运行的破坏行为(Chatterjee and Finger, 1994),如何回应某个公开叫板环境保护目标的发展模型。

对治理本身的关注不多,来自生态马克思主义的批判政治经济学方法质疑生态现代化的前提,其他自由主义方法(比如自由环境主义)认为资本主义的发展可以应对生态危机。

总之,能够把这批贴着批判政治经济学标签的陈述统摄起来的是人们的担忧:在全球环境政治里解释当下的权力形势,被视为极大超越了政治制度特征;在全球(环境)治理的主导秩序里确认变革的可能性,基于当前系统既不能传递可持续发展，也不能传递环境正义。此类方法或者指望有力的行动者战略联盟扫除环境行为的障碍，或者期待公民社会为了谋求非资本主义方向的绿色经济发展而进行自下而上的抵抗。

参考文献

Chatterjee, Pratap and Matthias Finger. 1994. *The Earth Brokers: Power, Politics and World Development*. London, Routledge.

Levy, David and Peter Newell. 2002. "Business Strategy and International Environmental Governance: Toward a Neo-Gramscian Synthesis." *Global Environmental Politics* 2(4): 84–101.

Newell, Peter. 2008. "The Political Economy of Global Environmental Governance." *Review of International Studies* 34(3): 507–529.

O'Connor, Martin (Ed.). 1994. *Is Capitalism Sustainable? Political Economy and the Politics of Ecology*. New York, Guilford Publication.

Paterson, Matthew. 2001. *Understanding Global Environmental Politics: Domination, Accumulation, Resistance*. Basingstoke, Palgrave.

深层生态学

安德鲁·多布森(Andrew Dobson)
基尔大学,英国

通常认为,深层生态学是由挪威哲学家阿恩·奈斯(Arne Næss)创始的。1972年,他在布加勒斯特举行了一次演讲,对"深层生态学"和"浅层生态学"做了区分(Nass, 1973)。他认为,浅层生态学关注环境恶化对人类福祉的影响。浅层生态学有时也称为人类中心主义担忧,这与深层生态学关注环境本身不同。根据深层生态学的观点,不管环境对人类有没有用处,它都应该受到保护。

深层生态学家对于环境概念的观点是各不相同的。一些学者从"生物中心主义"视角出发(Taylor, 2010),更关注环境中的生物,其他学者则支持生态中心主义。虽然深层生态学与动物解放论一样,关注非人类生物本身,但是它在使用整体性方法保护非人类自然以及践行保护更广泛的生物、生物集(包括物种)及其生存环境这一承诺方面更进一步。

在对非人类自然的保护方面,深层生态学家有三种观点:一种是有关其内在价值,一种是有关其利益方面,一种是有关意识转变方面。第一种观点基于非人类自然内在价值的特征识别,通过类比康德哲学的概念,其赋予人类内在价值是合乎理性的。深层生态学家已识别诸多此类特征,从"拥有兴趣"(比如对保持生活条件的兴趣)(Jonson, 1991)到"自创生"(指的是一个封闭系统自我再生产的能力)(Fox, 1990)。这种内在价值分析方法遭到一些支持直觉法的深层生态学家的反对。直觉法表现为所谓的"最后一个人"的讨论。如果我们觉得让地球上的最后一个人来启动其死后地球一系列的毁灭事件是错误的,那么,这就是对非人类自然内在价值的一种直觉认知。

考虑到在构建非人类自然内在价值方面存在一些哲学性困难,因而一些深层生态学家采取了一种"意识状态"的方法，认为非人类自然需要深度认同。有时候，这种方法展现为"自我的扩大"，因为非人类自然从来就是自我的一部分，所以关注自我就意味着关注更广阔的非人类自然世界(Fox，1990)。如果这一方法可以解决有关自然内在价值的问题，那么它自己的问题就在于必须说服人们认同非人类自然。

另一个潜在的困难就是深层生态学主张"生物圈平等主义"，也就是说，人类自然以及非人类自然的生物原则上具有平等的道德价值。这是一个难以践行的原则，而且其限制条件也使得它可能会导致传统道德价值等级的重建。

尽管随着"绿色政治"的主张逐渐占据主流，以及人类中心主义的主张逐渐崭露头角，深层生态学在这方面的重要性已经有所下降，但是一些人还是将深层生态学以及它保护非人类自然世界的信条当作绿色政治的基本原则(Dobson，2007)。

参考文献

Dobson, Andrew. 2007. *Green Political Thought* (4th Edition). London, Routledge.

Fox, Warwick. 1990. *Towards a Transpersonal Ecology: Developing New Foundations for Environmentalism*. Boston, MA, Shambhala Press.

Johnson, Lawrence. 1991. *A Morally Deep World: An Essay on Moral Significance and Environmental Ethics*. Cambridge: Cambridge University Press.

Næss, Arne. 1973. "The Shallow and the Deep, Long-Range Ecology Movement". *Inquiry* 16(1): 95–100.

Taylor, Paul. 2010. "Egalitarian Biocentrism." In *Environmental Ethics: the Big Questions*, Ed. David Keller. New Jersey: John Wiley & Sons.

防治荒漠化公约

斯蒂芬·鲍尔(Steffen Baller)
德国发展研究所,德国

在21世纪初期,世界上多达70%的旱地都被认为会退化,进而严重影响大约十亿人的生计(MEA,2005)。国际上为解决旱地退化以及反复干旱问题所做出的努力可以追溯至20世纪60年代。但是这些举措大部分徒劳无益,直到1992年联合国环境与发展大会决心通过一个国际条约来处理"荒漠化"问题,情况才得以转变。1994年,联合国最终通过了《联合国关于在发生严重干旱和(或)荒漠化的国家特别是在非洲防治荒漠化的公约》(UNCCD,简称《防治荒漠化公约》),以此来解决这一特定的环境问题以及保障受灾人群的可持续发展。

UNCCD把荒漠化定义为"荒漠化是由于气候变化以及人类活动等多种因素造成的干性、半干性以及亚湿润干旱地区的土地退化"(Article 1a)。它进一步指出,作为全球生态依存的特定一方面,荒漠化应引起全人类的关注。由此看来,荒漠化概念本身是全球化的产物,因为它伴有地区性的生物地球物理学现象,这些现象全球都可以观察得到。

但是,荒漠化的概念存在争议。与可持续性概念一样,它需要将某一复杂现象所具有的诸多原因、结果、表征以及相互关系全部涵盖起来。因此,UNCCD对荒漠化的范围,及其全球环境治理的地位、相关性的解读都遭受到了诸多争议。荒漠化可以被设定为一个环境问题,也可以被设定为一个发展问题,这是把UNCCD认定为一种可持续发展公约而不是多边环境条约的关键(Bruyninckx, 2005)。然而,这种空有雄心的孤军奋战是此公约有效遵约和执行的最大障碍。

尽管发展中国家一直强调贫穷是荒漠化的原因也是荒漠化的后果,但是发达国家仍不愿意把UNCCD当作发展援助的辅助措施。同时,发展中国家更关注发展而不是环境保护，而在是否承认荒漠化是一个全球环境问题这一点上，发达国家的态度也是不温不火的，尽管旱地退化已经在一些发达国家蔓延开来。将荒漠化作为一个全球性问题对待，这对于《防治荒漠化公约》的解读以及实施都具有切实意义。比如，通过全球环境基金为土地退化捐款是非常有益的。最终，在国际层面上对荒漠化进行战略性的定义，这是一个关于非国家主体在政府间政治领域发挥影响的有力例证——在本例中，非国家主体特指非政府组织以及 UNCCD 秘书处的官员们（Corell and Betstill，2001；Baucer，2009）。

尽管如此，UNCCD 的确在努力引起人们足够的关注并争取成员国的资源（Akhtar-Schuster et al.，2011）。气候变化、生物多样性丧失与荒漠化的相互依存加剧了《防治荒漠化公约》的结构性弱点，对于大多数国家，尤其是北欧国家来说，《气候变化框架公约》与《生物多样性公约》都是头等大事。事实上，人们广泛地认为，发达国家承认 UNCCD 是对发展中国家在 1992 年地球峰会上接受 CBD 和 UNCCD 的一种妥协与退让。同样，它也展示了发展中国家在全球生态依存问题上的议价能力不断提高（Najam，2004）。

但是，一旦 UNCCD 顺利推行，其支持者就无法利用旱地的有力优势，尤其是那些在全球粮食生产和生态系统服务保护中作为重要自然资源的土壤和田地（Stringer，2009），而且 UNCCD 没能成功建立一个有效的边界组织，在全球范围内来提高决策效率，这至少在一定程度上能够说明上述问题。然而，更重要的是，我们要认识到 UNCCD 在处理一系列有关南北政治结构问题以及全球环境治理中社会经济需求和生态关怀的断层问题方面是一个很成功的例子。

参考文献

Akhtar-Schuster, Mariam, Richard J. Thomas, Lindsay C. Stringer, Pamela Chasek, and Mary K. Seely. 2011. "Improving the Enabling Environment to Combat Land Degradation: Institutional, Financial, Legal and Science-Policy Challenges and Solutions." *Land Degradation and Development* 22(2): 299–312.

Bauer, Steffen. 2009. "The Desertification Secretariat: A Castle Made of Sand." In *Managers of Global Change: The Influence of International Environmental Bureaucracies*, Eds. Frank Biermann and Bernd Siebenhüner, 293–317. Cambridge, MA, MIT Press.

Bauer, Steffen and Lindsay C. Stringer. 2009. "The Role of Science in the Global Governance of Desertification." *Journal of Environment and Development* 18(3): 248–267.

Bruyninckx, Hans. 2005. "Sustainable Development: The Institutionalization of a Contested Concept." In *International Environmental Politics*, Eds. Michele M. Betsill, Kathryn Hochstetler and Dimitris Stevis, 265–298. Basingstoke, Palgrave Macmillan.

Corell, Elisabeth, and Michele M. Betsill. 2001. "A Comparative Look at NGO Influence in International Environmental Negotiations: Desertification and Climate Change." *Global Environmental Politics* 1(4): 86–107.

MEA (Millennium Ecosystem Assessment). 2005. "Ecosystems and Human Well-Being: Desertification Synthesis." Washington, World Resources Institute.

Najam, Adil. 2004. "Dynamics of the Southern Collective: Developing Countries in Desertification Negotiations." *Global Environmental Politics* 4(3): 128–154.

Stringer, Lindsay C. 2009. "Reviewing the Links between Desertification and Food Insecurity: From Parallel Challenges to Synergetic Solutions." *Food Security* 1: 113–126.

灾　害

雷蒙德·墨菲（Raymond Murphy）
渥太华大学，加拿大

1964年，继海啸之后一次地震袭击了阿拉斯加，致多人死亡，摧毁了诸多村庄。1989年，埃克森·瓦尔迪滋超级油轮泄漏了1 100万加仑原油，污染了阿拉斯加海岸线1 600多千米的海域，给海洋生命带来了致命的打击（Herman，2010）。很多研究者将前者定义为自然灾害，即自然的扰动给人类带来的严重后果，而将后者定义为环境灾害，即人类的实践给自然环境带来的严重后果。这一鲜明对比事实上是将问题过度简化了。自然灾害并不全是自然本身的问题。自然灾害之所以会损失惨重，是因为社会的脆弱，1964年的地震和海啸致使多人死亡以及重大财产损失是因为没有海啸预警，并且房屋建筑规范也非常宽松。环境灾害导致环境退化从而影响人类，比如石油泄漏对于捕鱼业生产以及旅游业发展的破坏会持续数年。人类甚至还在释放大自然的破坏力，比如燃烧化石燃料造成的全球气候变化、生存环境破坏以及生物多样性丧失，这些都会威胁环境以及人类的未来。在人类这个风险社会里，环境灾害最好被定义为社会技术建构以及自然建构之间的交互影响，这些影响对于很多人来说都会带来严重的恶果。这一包容性定义包括两种生成类型，那就是自然生成类型和人为造成类型，这两者表达了各种现象的共性和个性，比如地震和石油泄漏。

由于人口增长、生活富足，昂贵建筑物暴露在危险环境中，因而环境灾害的代价呈指数级增长。依赖于诸如电网这样的技术，可能会使社会在自然极端扰动面前更加脆弱（Murphy，2009）。贫穷国家的恶性事故致死率是最高的，这也确实引发人们对公平性问题的探讨。从长远角度考虑，缓发型的环境灾害如森林退化、荒漠化、人为的全球气候变化等无疑是最致命的。

对于突发环境灾害的治理是典型的多尺度，自下而上分别是：当地社区可以处理一些小灾；当事情超越当地社区能力范围的时候，省级政府可以接管处理；当省级政府也无力处理时，国家可以发挥其作用，尤其是财政方面的作用；当特大灾害发生国家无力处理时，尤其是缺乏韧性的贫穷国家，那么就需要其他国家的帮助。电子媒体可以通过生动的图片将这些灾害瞬间传输到网络上。鲁德尔认为，突发自然灾害会导致防御型环境保护主义，这有可能促使利他的环境保护主义来处理缓发型的灾害（Rudel，2013）。各种非政府组织（Hannigan）提供了一些灾害救济（红十字会）或者是通过扶贫工作来降低自然灾害的社会脆弱性。鉴于联合国发展计划署以及联合国环境规划署试图降低社会脆弱性，联合国减灾办公室也对此提供援助。一些边界组织，比如气候变化政府间专门委员会，也致力于使人类了解环境灾害的危险。环境灾害通常是由逐利的商业和企业引起的，其他的，比如保险业为环境恢复提供资金，并且推广预先防范原则。世界银行也设有降低灾害风险的部门。

参考文献

Hannigan, John. 2012. *Disasters without Borders*. Cambridge, Polity.
Herman, Robert. 2010. *This Borrowed Earth*. New York, Palgrave Macmillan.
Murphy, Raymond. 2009. *Leadership in Disaster*. Montreal, McGill-Queen's University Press.
Rudel, Thomas. 2013. *Defensive Environmentalists and the Dynamics of Global Reform*. New York, Cambridge University Press.

争端解决机制

卡丽·门克尔-梅多（Carrie Menkel-Meadow）
加州大学欧文分校，美国

在全球环境治理中，最重要的问题不是制定新的环境规则，而是如何有效地遵约和执行这些规则。毫无疑问，有效的实施需要从一开始就有一个争端解决机制。

第一个国际层面上依法解决的环境争端发生在20世纪30年代。那时，美国控告加拿大特雷尔冶炼厂排放的废气对华盛顿地区造成了环境损害，但当时并没有正式的国际法庭去解决这个问题。于是这一所谓的特雷尔冶炼厂仲裁案是由志愿服务的仲裁委员会解决的。这一著名案例不仅建立了预先行动原则，而且其中的志愿机构，比如仲裁委员会可以下达命令或者终止命令。

最早的解决争端形式触发了正式环境诉讼的发展。现在许多正式的争端机制正在全球环境治理中发挥作用，其中包括国际法院（罕见，为重要的国家间环境纠纷裁决者），国际海洋法法庭（决策机构，自1982年成立以来处理很少的案例），区域法院，如欧洲或美洲人权法院（目前对人权和环境权提出主张）、世界贸易组织仲裁委员会和上诉机构（环境诉讼当事人现在介入贸易争端）、国际投资争端解决中心（因为越来越多的外国投资者控诉，东道国环境规制措施对其构成间接征收）、国家法院（可以解决国内和国家之间的争端）和国际环境协议5个实施委员会（报告数据，发布报告，偶尔实行制裁），最近又增加了一批新的专门环境法院或法庭（ECTs或“绿色法庭”）（Pring and Pring，2012）。

长期以来，人们认为，一些环境纠纷是非零和博弈，环境纠纷可以通过对话、谈判和管理而不是对抗的方法得到有效解决，因而许多多边环境协定规定了在进行法律仲裁之前先进行调停、谈判与和解（称为“多层次争端解决”）。

其他可选的成熟争端解决机制包括实况调查机构。例如，世界银行独立检查小组负责调查社区和世界银行资助项目的环境纠纷并进行实情调查。

其他机制不那么正式，但更具协作性，包括建立共识和社区规划以及争议解决程序(Camacho, 2005)。例如，对《跨界水资源框架公约》而言，较新的协作形式试图将所有利益相关者聚集在一起共享科学信息、法律主张和专业知识(Menkel-Meadow, 2008)。在专业协助者的帮助下，他们制定了“社区协议”，该协议提供更灵活的标准和监管，根据实际情况进行适应，提出修订和应急计划。这些程序有更多的群体(经常有数百名参与者)和越来越多在环境调解和促进方面接受过培训的专家参与，这通常被称为“新治理”模式(Karkkainen, 2004)。

虽然共识和调解过程仍然主要是公共流程，但越来越多的证据表明，私人环境争端解决也可以提高有效性。私人部门设立私人机制使用供应链合同、贷款协议、行为守则承诺以及多层次争端解决来提出环境标准并加以执行。

环境争端解决过程中所体现的非正式性和协作性引发了一系列尚待解决的问题：如何在多方合作中确保关键的环境原则，比如预先防范原则。强大的参与者在不太正式的环境机制中会进行更强的控制吗？我们如何确保所有相关方的参与权和适当代表权？私营公司与社区进行交易时，应该是多大的透明度？我们如何为机构提供足够的激励机制来适应新信息或变化的环境，并且随着时间的推移不断学习？我们如何在解决诸如灾难等短期争端、偶发性危机问题与诸如正义这样的长期和代际问题中取得平衡？

参考文献

Camacho, Alejandro E. 2005. “Mustering the Missing Voices: A Collaborative Model for Fostering Equality, Community Involvement and Adaptive Planning in Land Use Decisions.” *Stanford Environmental Law Journal* 24: 3–341.

Karkkainen, Bradley C. 2004. “‘New Governance’ in Legal Thought and in the World: Some Splitting as Antidote to Overzealous Lumping.” *Minnesota Law Review* 89: 471–496.

Menkel-Meadow, Carrie. 2008. “Getting to Let's Talk: Comments on Collaborative Environmental Dispute Resolution Processes.” *Nevada Law Journal* 8: 835–852.

Pring, George Rock and Catherine Kitty Pring. 2012. “The Future of Environmental Dispute Resolution.” *Denver Journal of International Law and Policy* 40: 482–491.

倾 销

乔苏·马蒂厄(Josue Mathieu)
布鲁塞尔自由大学,比利时

环境倾销(或生态倾销)被定义为使用宽松的环境标准或执行不力的规定,允许以成本优势出口货物或吸引外国投资。贸易自由化的批判者使用这一概念,他们认为使用过低的环境标准而获得的比较优势是不公平的,因为位于"污染避难所"的企业不承担环境外部性成本,这与遵守高环境标准的企业是相反的(Hamilton, 2001)。环境倾销的定义必须与价格歧视倾销(售价低于成本)区别开来,并且也要与危险废物出口的倾销区分开来(见"危险废物框架公约")。

自从20世纪90年代初北美自由贸易协定(NAFTA)和世界贸易组织的谈判引起了人们对环境保护逐底竞争的担忧之后,环境倾销概念就越来越重要。在西方国家,对环境倾销的政治争论通常包括征收反补贴税或反倾销税(标示为"环境关税""绿色关税""生态关税")。一些支持者认为,这些环境关税是必要的,不仅是要抵销不公平的竞争优势(Janzen, 2008),而且要在低环境标准的国家诱导负责任的行为。尽管关于效率的定义和提高效率的可能方式存在争议,但是对从低标准国家进口的产品征收关税(一种单边贸易措施)通常被经济学家视为是效率低下的(Kraus, 2000)。

关于环境倾销的争论还包括要求统一环境标准的呼声(Hudec, 1996)。对于反对统一的批评者而言,他们长期以来质疑这种需求,因为环境保护是一个国家经济发展水平和社会选择的反映。还有人认为,对外国不直接强加任何标准也可以实现统一。这种现象被描述为政策扩散的"加利福尼亚效应"(Vogel, 1995),其中市场准入规则导致了环境标准的提升,因为公司发现对标大市场中的单一标准会更为有效。

国际贸易法不把环境倾销认定为禁止行为,因为其竞争优势可以被抵销掉。然而贸易和投资协定通常规定缔约方不得利用低标准的环境保护来获得贸易和投资的竞争优势，并要求遵约和执行现行标准（参见《欧盟-韩国自由贸易协定》的第 13.7 条）。

参考文献

Hamilton, Clive. 2001. "The Case for Fair Trade." *Journal of Australian Political Economy* 48: 60–72.

Hudec, Robert E. 1996. "Differences in National Environmental Standards: The Level-Playing-Field Dimension." *Minnesota Journal of Global Trade* 5(1): 1–28.

Janzen, Bernd. 2008. "International Trade Law and the 'Carbon Leakage' Problem: Are Unilateral U.S. Import Restrictions the Solution?" *Sustainable Development Law and Policy* 8(2): 22–26, 84–85.

Kraus, Christiane. 2000. *Import Tariffs as Environmental Policy Instruments.* Dordrecht, Kluwer.

Vogel, David. 1995. *Trading up: Consumer and Environmental Regulation in a Global Economy.* Cambridge, MA, Harvard University Press.

生态中心主义

谢丽尔·D.布林（Sheryl D. Breen）
明尼苏达大学莫里斯分校，美国

生态中心主义是一种伦理世界观，它基于生物实体和系统之间的动态关系网络，包括土地、气候以及有生命的个体和物种。通过强调生态系统的内在价值，生态中心主义特别反对用人类中心主义（以人为中心）的方法去理解环境以及进行环境治理，该方法要求在对人类需求和利益具有工具性价值的基础上进行环境保护。相反，生态中心主义建立在这样的观念上：自然界的所有部分（人类和非人类，生命和非生命）都具有内在价值，并且由生态群落无所不包地相互关联构成。

生态中心主义并不是当代环境运动所特有的，这种将人性视为陷入自然界多层领域之中的伦理体系，在许多原始的世界观中都有所体现（Selin，2003）。在发达国家中，生态中心主义是为了回应自由环境主义和现代保护管理技术而发展起来的。这种方法从奥尔多·利奥波德（Aldo Leopold）的整体主义"大地伦理"中获得特殊的哲学启示，即我们必须通过一种新的伦理来重新定位人类与其生物世界的联系，正是该伦理"令智人从土地共同体的征服者转变为普通成员和公民"（Leopold，1968/1949：204）。这样，根据利奥波德的说法，我们必须学会"像山那样思考"物种和环境之间的相互关系（Leopold，1968/1949：129－133）。

第二个基础理论家阿恩·奈斯将生态中心思想转向强调宇宙意识，将生态中心主义深层生态学与人类中心主义"浅层"生态学的环境思想分离开来。根据奈斯的观点，深层生态学认识到人类和非人类领域之间缺乏任何本体论区分，他呼吁"原则上的生物圈平等主义"，认识到生活的实践性不可避免地需要一些力量来对抗其他生命体（Nasss，1973：95－96）。随着乔治·塞申斯（George Sessions）和比尔·德瓦尔（Bill Devall）的进一步发展，深层生态学平台的八大纲领结合了内在价值原则，拒绝为了改善生活质量而追求更高的生活标准，并呼吁努力做出改变，包括减少人类与非人类世界的干扰，并且减少人口数量(Devall and Sessions, 1985: 69-73)。

生态中心理论的早期支持者和批评者主要在环境伦理的哲学领域中进行对话。罗宾·埃克斯利(Robyn Eckersley)将生态中心主义思想视为环境危机对话中的“解放”阶段(Eckersley, 1992)，有力地将讨论引入了政治领域。她通过重新定位人类在其生物群落中的地位分析了扩展性的解放和自治概念，并强调了生态中心主义的不同组成部分，这些体现在内在价值理论、深层生态学和生态女性主义中。埃克斯利认为，“只有一个彻底的生态中心主义的绿色政治理论”才能为当代生态危机提供必要的回应，她把生态中心主义政体描述为一个包含更多经济和政治平等以及多层次民主决策结构和市场控制的政体，与正在繁荣的生态中心主义解放文化联系在一起(Eckersley, 1992: 85)。

评论家提出了一系列批评。首先，一些人指责生态中心论的整体平等主义是愤世嫉俗的，这种世界观会促进生态专制主义而不是绿色民主。作为回应，生态中心理论家认为，生态中心主义应追求内在的解放、平等主义元素的扩大和延伸，而不是取代在人权环境权以及环境正义方面的艰苦拓展。其次，批评者声称，生态中心主义依赖于错误二元论，该二元论是基于对人类中心主义的错误的苛刻定义(Barry, 1999)。这种担忧鼓励对人类中心主义进行更复杂的分析，并鼓励采取那些从深层生态学，或者是从生态中心主义本身转向价值多元论的方式，避免以人类中心(以生态为中心)的二元对立(Carter, 2011)。最后，批评者质疑生态中心主义是否可以实施，因为非人类、物种和生态系统不能代表他们自己的利益。为此，生态中心主义者正在研究如何通过绿色国家结构中的特定代表将非人类利益纳入政治决策中(Eckersley, 2004)。

渔业治理或国际森林协定和宣言的“生态系统方法”被纳入《生物多样性公约》，出现了与生态中心主义理论相一致的担忧。生态系统方法主张整体管理，强调生态系统内部的相互联系，也在国际绿色和平组织等国际主流非政府组织内获得支持。然而在国际层面，越来越多的生态系统方法的存在并不意味着生态中心主义的重大政治成功。

参考文献

Barry, John. 1999. *Rethinking Green Politics: Nature, Virtue and Progress.* London, Sage.

Carter, Alan. 2011. "Towards a Multidimensional, Environmentalist Ethic." *Environmental Values* 20(3): 347–374.

Devall, Bill and George Sessions. 1985. *Deep Ecology: Living as if Nature Mattered.* Salt Lake City, UT, Gibbs Smith.

Eckersley, Robyn. 1992. *Environmentalism and Political Theory: Toward an Ecocentric Approach.* Albany, NJ, SUNY Press.

Eckersley, Robyn. 2004. *The Green State: Rethinking Democracy and Sovereignty.* Cambridge, MA, MIT Press.

Leopold, Aldo. 1968 [1949]. *A Sand County Almanac, and Sketches Here and There.* New York, Oxford University Press.

Næss, Arne. 1973. "The Shallow and the Deep, Long-Range Ecology Movement: A Summary." *Inquiry* 16: 95–100.

Selin, Helaine (Ed.). 2003. *Nature across Cultures: Views of Nature and the Environment in Non-Western Cultures.* Boston, MA, Kluwer Academic Publishers.

生态女性主义

夏洛特·布雷瑟顿(Charlotte Bretherton)
朴次茅斯大学,英国

生态女性主义来源于20世纪70年代的女权主义和环境运动,这是女性对环境退化的抗议。因此,从一开始,生态女性主义就是理论与实践的连贯性和完整性的统一(Mies and Shiva, 1993: 14)。它反映出一些女权主义者认识到,如果没有将人与自然世界之间的关系进行根本的再概念化,男女平等的目标只能以牺牲自然世界为代价来实现。

虽然没有关于生态女性主义的总体定义,但生态女性主义者涉及各种主题,其中一些包括对人类/自然关系的整体方法,都源于深层生态学。在生态女性主义者的思想中,能感知到女性与自然的密切关系,尽管后启蒙运动提倡科学探索和技术干预、"男权主义"(主要是西方)话语占据主导地位,但这并没有带来进步,只是"畸形发育"(Shiva, 1988; Merchant, 1995),排斥并低估妇女的工作,并且正在毁灭地球。因此,生态女性主义者认为妇女与地球有特殊的关系。

除了这些一般主题之外,生态女性主义的视角不尽相同。文化/精神和政治生态女性主义者之间存在明显区别(Mies and Shiva, 1993: 16-19; Merchant, 1995: 10-18)。

精神/文化生态女性主义者强调女性作为生命赋予者的角色,以及她们作为母亲对地球的基本认同和责任关怀。它呼吁对社会规范进行彻底的重新确认,以重申共情、养育这两种"女性"特质的重要性以及女性对自然的传统(有时是神秘的)理解。这些假设经常反映在妇女激进主义中,比如印度的抱树运动(Ghipko)妇女,她们努力拯救赖以生存的森林(Shiva, 1988: 71-77);还有"北美生态妈妈联盟",其目的是说服美国母亲承担更多的"拯救地球"的责任(MacGregor, 2010: 134-135)。

政治生态女性主义者不承认女性与大自然之间存在“天然”的密切关系。此外，由于女性的政治权力和影响力有限，因而承担纠正环境错误的主要责任只增加了妇女的压力（Bretherton，1998：87）。性别、阶级、种族和物种有关的权力结构是政治生态女性主义的核心问题（Plumwood，1993：5）。无论其种族或阶级如何，女性都从属于男性，她们与非人类物种（见“生态中心主义”）一样处于（在主流的西方思想中）弱势地位，因此女性对生态问题具有特殊的见解。所以妇女（特别是）必须承认，挑战并改变“男性在文化、人类以及政治和经济结构中的主人身份，以确保地球得以生存”（Plumwood，1993：195－196）。

参考文献

Bretherton, Charlotte. 1998. “Global Environmental Politics: Putting Gender on the Agenda?” *Review of International Studies* 24(1): 85–100.

MacGregor, Sherilyn. 2010. “A Stranger Silence Still: The Need for Feminist Social Research on Climate Change.” *Sociological Review* 57: 124–140.

Merchant, Carolyn. 1995. *Earthcare: Women and the Environment*. New York, Routledge.

Mies, Maria and Vandana Shiva. 1993. *Ecofeminism*. London, Zed Books.

Plumwood, Val. 1993. *Feminism and the Mastery of Nature*. London, Routledge.

Shiva, Vandana. 1988. *Staying Alive: Women, Ecology and Development*. London, Zed Books.

生态现代化

马滕·哈杰尔(Maarten Hajer)
阿姆斯特丹大学,荷兰

生态现代化理论认为,改良主义可以解决社会所面临的环境问题。而批判政治经济学认为,西方(资本主义)社会的全面彻底改革,或者消费者行为的根本性改变才能应对“生态危机”。生态现代化的实用主义观点与批判政治经济学有着根本区别。

“生态现代化”这个术语是由马丁·耶内克和约瑟夫·胡伯于20世纪80年代初在德国提出的。生态现代化的重要理论家是环境科学家恩斯特-乌尔里希·冯·魏茨泽克(Ernst-Ulrich von Weiszäcker et al.,2009)、社会学家格特·斯帕加伦(Gert Spaargaren)和阿瑟·莫尔(Arthur Mol et al.,2009)。公共政策学者马滕·哈杰尔(1995)提出了批判性分析。虽然“生态现代化”是一个学术概念,但应该牢记,许多运动领袖在政治中发挥了作用。从这个意义上说,生态现代化是一个试图改变世界的社会理论。1987年布伦特兰委员会发表的《我们的共同未来》可被视为基于生态现代化原则的标志性政策文件。它首创了“可持续发展”一词,但对关键问题如核电的未来或对(西方)消费模式转变的需求保持沉默。

生态现代化有五个要点:① 它认为经济增长与环境退化“脱钩”是可能的;② 将环境退化视为集体行动的问题,能够通过协调和更好的激励机制得以解决;③ 它可以计算环境损害,因此它试图进行环境污染的成本收益分析;④ 无论是在商业和企业层面,还是在宏观经济表现分析方面,它试图将环境成本内化到主流计算中,从而实现“绿化经济”;⑤ 它坚信技术革新和社会创新的潜力。

21世纪,生态现代化的思想已经从西欧国家和美国传播开来,并受到全球的关注,特别是在亚洲国家(如中国、日本、韩国)、澳大利亚和拉丁美洲国家(巴西、阿根廷)。自 20 世纪 80 年代以来,经合组织一直致力于推动生态现代主义思想(例如,指出"不作为的成本")。最近国际货币基金组织(IMF)和世界银行的报告也已经接受了生态现代主义思想(IMF,2013;World Bank, 2013)。

诸如"环境服务""绿色会计"等话语以及关于有害环境补贴的讨论,是生态现代化的最新表现形态。从其影响上可以看出,自 20 世纪 80 年代以来,这些思想一直保持不变。生态现代化的问题不在于思想或者寻找共同语言,而在于"话语制度化"(Hajer, 1995):是否吸纳了公共政策常规程序的理念。在这个意义上,生态现代化还没有兑现其承诺。

参考文献

Hajer, Maarten A. 1995. *The Politics of Environmental Discourse—Ecological Modernization and the Policy Process.* Oxford, Oxford University Press.

International Monetary Fund. 2013. *Energy Subsidy Reform.* Washington, IMF.

Mol, Arthur J.P., David A. Sonnenfeld, and Gert Spaargaren (Eds.). 2009. *The Ecological Modernization Reader—Environmental Reform in Theory and Practice.* London, Routledge.

Weiszäcker, Ernst Ulrich von, Karlson "Charlie" Hargroves, Michael H. Smith, Cheryl Desha, and Peter Stasinopoulos (Eds.) 2009. *Factor Five: Transforming the Global Economy through 80% Improvements in Resource Productivity.* London, EarthScan.

World Bank. 2013. *Turn Down the Heat.* Washington, World Bank.

生态系统服务(付费)

斯蒂芬妮·恩格尔(Stefanie Engel)
苏黎世联邦理工学院,瑞士

生态系统服务付费(PES)是一种提供生态系统服务(ES)的正向经济激励方式,现已获得越来越广泛的应用。但是,不管是宽泛定义还是具体定义,生态系统服务付费的概念尚未形成定论(Schomers and Matzdorf, 2013)。大多数人都同意,对付费进行有意义的界定,必须认识到付费至少在一定程度上是有条件的,以ES的提供或者生态系统服务相关活动的接受为条件。付费可以是基于绩效或活动的,并且可以用于接受活动(如植树造林)或避免破坏性活动(如森林砍伐)(Engel et al., 2008)。

第一个争议性问题是PES可以并应该在多大程度上依赖于私人部门通过商业和企业进行参与。PES的例子包括从分散式("科斯式")谈判解决方案到政府("庇古式")环境补贴式计划。"科斯式"PES演变为ES购买者和ES提供者之间谈判过程的结果,例如法国维泰勒为了让农民采用改善水质的农业措施而给农民补贴。"庇古式"PES是政府管理项目,政府代表ES购买者发挥作用,例如瑞典实施了旨在提高当地萨米村庄野生动物保护绩效的政府付费项目。由于许多ES是本地或全球公共产品,因而纯粹的"科斯式"PES非常罕见。许多PES计划建立了混合合作伙伴关系,既有一些私人部门的ES购买者,也涉及政府或其他第三方。

第二个争议性问题是PES在多大程度上可以同时实现环境目标和减少贫困(Pagiola et al., 2005)。PES实行"服务酬劳"原则而不是污染者付费原则,从而成为ES提供者的另一种收入来源。提供者的贫困程度有所不同,而收益取决于贫困方加入PES计划的资格、意愿和能力。其他群体也可能受到影响,例如收水费为PES筹措资金、森林保护减少了习惯用户的森林获取等。

PES与经济价值之间的关系常常被误解。支付金额的下限是ES提供者所提供的新增生态服务的机会成本,上限是该项服务的全部社会价值。因此,将付费解释为ES的价值是错误的,解释为实施PES计划所必需的经济价值也是错误的。

虽然许多学者认为PES是一种创新的保护方法,但有人警告说PES可能意味着大自然的商品化。最近关于PES环境有效性的研究显示了不同的结果,呼吁更多地关注ES支付的额外性,并改进支付目标,以稀缺的预算取得最多的成果(Pattanayak et al., 2010)。目前的研究涉及如何处理泄漏问题以及实现ES的持久性(参见"减少森林砍伐和森林退化导致的温室气体排放"),如何更好地实施对当地社群的支付,以及PES如何影响提供ES的内在动机。

参考文献

Engel, Stefanie, Stefano Pagiola, and Sven Wunder. 2008. "Designing Payments for Environmental Services in Theory and Practice—An Overview of the Issues." *Ecological Economics* 65(4): 663–674.

Pagiola, Stefano, Agustin Arcenas, and Gunars Platais. 2005. "Can Payments for Environmental Services Help Reduce Poverty? An Exploration of the Issue and the Evidence to Date from Latin America." *World Development* 33(2): 237–253.

Pattanayak, Subhrendu K., Sven Wunder, and Paul J. Ferraro. 2010. "Show me the Money: Do Payments Supply Environmental Services in Developing countries?" *Review of Environmental Economics and Policy* 4(2): 254–274.

Schomers, Sarah and Bettina Matzdorf. 2013. "Payments for Ecosystem Services: A Review and Comparison of Developing and Industrialized Countries." *Ecosystem Services* 6: 16–30.

有 效 性

特勒夫·F.斯普林兹(Detlef F. Sprinz)
波茨坦气候影响研究所和德国波茨坦大学

有效性被定义为治理所带来的环境绩效(影响)改进程度,例如通过国际条约、国际制度、国内政策或国际非制度等方式。虽然经常与遵约和执行相混淆,但各种概念的指向不同。遵约和执行是指条约缔约方承担的义务或单方面的国内受众成本——可能或不可能对环境绩效产生影响。在没有国际制度的情况下(例如,一个非制度促使国内政治采取避免国际合作的国内行动),或者国际制度对非成员国产生影响时,全球环境政治都可能会发挥作用。由于多种原因,特别是国际政策、无法协作的国家政策、国家政策和国际政策的协调、技术变革或生活方式变化,因而可能导致有效的环境质量改善或污染负荷减少。

我们如何测量有效性?在没有任何政策的情况下,我们只能采用化学、物理、社会、政治或福利等观测手段,描述环境状况及其随时间推演的潜在变化。社会科学家最常见的是关注具体环境质量政策的实际效果或预期效果,例如不同尺度的具体污染减排政策[国内、区域(如亚洲或欧洲)或国际层面],土地利用的变化(如指定为自然保护区)或适应措施(如由于存在海平面上升的威胁而在沿海地区修建防洪堤坝)。在环境领域,政策往往需要相当长的时间来证明比过去有明显的突破,因此需要足够长的时间进行评估。此外,政策必须与效果存在因果关系。这需要进行反事实推理,即在没有特定政策或一系列政策的情况下所呈现的环境绩效。

测量国际制度有效性的奥斯陆—波茨坦方案是这些方面卓有成效的集中体现。基于翁德达尔(Underdal, 1992)、斯普林兹和赫尔姆(Sprinz and Helm, 1999)以及赫尔姆和斯普林兹(2000)的研究,提出了一种简要方法(Hovi et al., 2003a)。首先,选择与环境质量有因果关系的维度(如污染水平或环境质量指数）。其次，在该维度上标示出下列三个内容：① 没有政策情况下的非政策反事实（下限）；② 与特定政策实际相关的污染水平；③ 理想（反事实）政策绩效（上限）的集体最优。如果用无政策反事实与实际政策（②式－①式）的差值除以环境改善潜力（集体最优减去无政策反事实，③式－①式），则可以得出一个简单的有效性得分，取值范围从 0 到 1（Helm and Sprinz, 2000）。测量制度有效性的奥斯陆—波茨坦方案在环境政策和其他国际研究领域（如 Grundig, 2006）被证明是有用的，并且已经得到了一系列的扩展。

迄今为止，奥斯陆—波茨坦方案是测量国际条约制度效果的唯一量化方案，但也可以轻松地适用于非制度环境（阐明这些制度是否有效）。国内政策（可以针对每个国家计算奥斯陆—波茨坦方案得分）或多个维度（需要进行跨维度汇总）。奥斯陆—波茨坦方案已受到学界诸多批评。奥斯陆—波茨坦方案的支持者和奥兰 · 扬（Young, 2001; Young, 2003; Hovi et al., 2003a, 2003b）支持者之间的友好交流阐明了奥斯陆—波茨坦方案一系列的优点和缺点，但到目前为止，尚未出现奥斯陆—波茨坦方案的明确替代方案。

从经验上看，《跨界空气污染框架公约》下的早期规定在有效性评估方面已经受到了最强烈的关注。根据所用评估方法显示，早期的硫和氮议定书对环境质量只产生了轻微至中等的影响，因此还有相当大的政策改进空间（Helm and Sprinz, 2000）。

也许最受欢迎的全球环境协议是关于消耗平流层臭氧层物质的《臭氧层框架公约》（《蒙特利尔议定书》和修正案）。与 1980 年历史基准线水平相比，2015 年的消耗臭氧层物质已经减少了 98%（尽管各方在不同情况下不会及时遵守规则），但在 21 世纪下半叶之前，平流层臭氧层预计不会恢复到 1980 年之前的水平。因此，《臭氧层框架公约》的长期影响在很大程度上取决于模型结果。

关于温室气体减排的《联合国气候变化框架公约》也将有相同的命运，在不远的将来就可能看到适应效果。

参考文献

Grundig, Frank. 2006. "Patterns of International Cooperation and the Explanatory Power of Relative Gains: An Analysis of Cooperation on Global Climate Change, Ozone Depletion, and International Trade". *International Studies Quarterly* 50(4): 781–801.

Helm, Carsten and Detlef F. Sprinz. 2000. "Measuring the Effectiveness of International Environmental Regimes". *Journal of Conflict Resolution* 44(5): 630–652.

Hovi, Jon, Detlef F. Sprinz, and Arild Underdal. 2003a. "The Oslo-Potsdam Solution to Measuring Regime Effectiveness: Critique, Response, And Extensions." *Global Environmental Politics* 3(3): 74–96.

Hovi, Jon, Detlef F. Sprinz, and Arild Underdal. 2003b. "Regime Effectiveness and the Oslo-Potsdam Solution: A Rejoinder to Oran Young." *Global Environmental Politics* 3(3): 105–107.

Sprinz, Detlef F. and Carsten Helm. 1999. "The Effect of Global Environmental Regimes: A Measurement Concept." *International Political Science Review* 20(4): 359–369.

Underdal, Arild. 1992. "The Concept of Regime 'Effectiveness'." *Cooperation and Conflict* 27(3): 227–240.

Young, Oran R. 2001. "Inferences and Indices: Evaluating the Effectiveness of International Environmental Regimes." *Global Environmental Politics* 1(1): 99–121.

Young, Oran R. 2003. "Determining Regime Effectiveness: A Commentary on the Oslo-Potsdam Solution." *Global Environmental Politics* 3(3): 97–104.

新 兴 国 家

安娜·弗拉维亚·巴罗斯-普拉蒂奥（Ana Flavia Barros-Platiau）
巴西利亚大学，巴西

阿曼丁·奥尔西尼（Amandine Orsini）
圣路易斯大学，布鲁塞尔，比利时

1981年，安东尼·范·阿格塔米尔（Antonine van Agtmael）提出了“新兴市场”的概念，一个不同于“第三世界”的概念。他想用“新兴市场”概念指出一些事实，即一些发展中国家正处于转型时期，其经济表现优于其他南方地区。不断提升的经济实力使得这些发展中国家更加自信地在主要多边机构中争取地位，特别是那些涉及贸易、金融和发展的机构。尽管如此，它们在全球环境治理中日益增强的议价能力问题仍然没有得到充分研究。自里约峰会以来，新兴国家接连举办了德班《气候变化框架公约》缔约方会议（COP）、“里约＋20”峰会、印度《生物多样性公约》缔约方会议等重大活动。这些会议的组织者展示了外交技巧（《哥本哈根气候协议》的达成，关于自然遗传资源的《名古屋议定书》的通过，巴西发挥了极大作用），并经常设法将其他参与者带入活动之中。

新兴国家的环境资源丰富，或者说生物多样性资源高度丰富——它们拥有世界上多种多样的生物，并且拥有一些掌握重要知识的专业人士，这些知识可以通过生物技术公司转化为商业应用（药物、化妆品等）。但新兴国家也是重要污染者、增长最快的温室气体排放国，由于严重的社会问题和缺乏适应政策而易受自然灾害影响。人们应该记住，印度等新兴国家生活在贫困线以下的人口数量比所有最不发达国家的人口总量还要多。

虽然全球环境治理中对这类新兴国家没有明确的定义，但是在经济治理领域中表现积极的两个新兴国家谈判联盟，即BRICS（巴西、俄罗斯、印度、中国和南非）和IBSA（印度、巴西和南非），已经将环境问题纳入工作范围。尤其是IBSA，成立了专门的能源工作组（2006）和环境工作组（2008）。上述倡议的创建是为了讨论南方发展议程，即IBSA各国希望在全球环境政治中保留的议程。因此，大多数新兴国家更积极地支持与发展、环境均相关的多边协作，比如可持续发展委员会，而不是仅关注环境问题的倡议，例如世界环境组织的项目。

BRICS和IBSA由潜在的竞争对手组成，成员国之间的差异很大，是松散的联盟。因此，它们缺乏授权和执行机制。直到2009年，在《气候变化框架公约》的哥本哈根峰会上，新兴国家成立了一个专门致力于气候变化的联盟，称为BASIC集团（巴西、印度、中国和南非）。自那以后，四方已努力在多边谈判阶段达成共识，继千年发展目标时期之后，支持可持续发展目标，也被称为2015年后发展议程。

新兴国家没有共同的议程（Papa and Gleason，2012），但它们拥有共同的原则和价值观，如发展权、共同但有区别的责任原则，正是这些将发展中国家联盟（77国集团/中国）结合在一起。总体而言，新兴国家一致认为，高收入国家应承担资助全球环境解决方案的首要责任。

参考文献

Cullet, Philippe and Jawahar Raja. 2004. "Intellectual Property Rights and Biodiversity Management: The Case of India." *Global Environmental Politics* 4(1): 97–114.

Economy, Elizabeth. 2006. "Environmental Governance: The Emerging Economic Dimension." *Environmental Politics* 15(2): 171–189.

Gupta, Aarti and Robert Falkner. 2006. "The Influence of the Cartagena Protocol on Biosafety: Comparing Mexico, China and South Africa." *Global Environmental Politics* 6(4): 23–55.

Hurrell, Andrew and Sandeep Sengupta. 2012. "Emerging Powers, North–South Relations and Global Climate Politics." *International Affairs* 88(3): 463–484.

Papa, Mihaela and Nancy W. Gleason, 2012. "Major Emerging Powers in Sustainable Development Diplomacy: Assessing their Leadership Potential." *Global Environmental Change* 22(4): 915–924.

认知共同体

迈亚·K.戴维斯·克罗斯（Mai'a K. Davis Cross）
ARENA欧洲研究中心，奥斯陆大学，挪威

认知共同体是由专家所组成的一种网络，认知共同体里的专家凭借其专业知识说服他人（通常是精英决策者）接受自己的规范和政策目标。与其他寻求影响政策的行为者不同，认知共同体依赖的是专业知识。这种专业知识不一定必须来自硬科学，因为环境法或灾害应对领域的专业知识驱动程度不亚于环境科学或生物学。然而认知共同体的政策目标必须来源于其成员的专家知识，而不是其他动机，否则它们可能会失去对目标受众的权威。认知共同体是公认的全球治理的关键主体，特别是环境治理，并且认知共同体与边界组织一样，通过非正式方式把知识转化为权力。

直到1990年，彼得·哈斯（Peter Haas）关于地中海行动计划的著作问世，认知共同体的概念才在环境政治文献中广为人知。后来，1992年《国际组织》期刊的“知识、权力和国际政策协调”的专题将认知共同体定义为“一个由某一特定领域上具有公认的专业知识和能力，以及该领域或问题空间内具有政策相关的知识权威的专家所组成的网络”（Haas，1992：3）。多种专家对特定问题做出贡献，对概念进行操作化设计，提供了大量的研究案例，并制订研究计划，随后几十名来自教育、管理科学和科学史等不同领域的学者也都纷纷加入。国际关系学者用认知共同体来解释包括臭氧层、酸雨、捕鲸或地中海在内的若干国际制度的建立（Peterson，1992；Toke，1999）。

近年来，相关文献超越了特定问题本身，去反思和探讨认知共同体概念的界限，特别是鉴于日益加剧的全球化形势和全球治理新形式的出现（Cross，2012），其中协同解决气候变化问题是一个最佳例证（Gough and Shackley，2001）。认知共同体既可以位于治理架构之中，也可以位于治理架构之外。此外，专家群体为什么聚在一起并不重要，重要的是他们一旦形

成认知网络,他们的表现会如何。如果认知共同体成员的行为超出正式权限范围,经常在非正式场合会面,制定共同规范,有时甚至利用专业知识反对政府命令,那么这时一个明显的认知共同体就形成了。这一概念的创新之处在于,认为认知共同体不单是存在或不存在的问题,也是影响程度大小的问题,这取决于其政治机遇(Zito, 2001)、与环境非政府组织的联盟(Gough and Shackley, 2001; Meijerink, 2005)、交流的科学知识类型(Dimitrov, 2006)、政策制定的阶段(Campbell Keller, 2009)和共同体内部凝聚力(Gross, 2012)。例如,在国际捕鲸这一案例中,彼得森(Peterson, 1992)发现捕鲸者和非政府组织对国际捕鲸委员会的影响要远远超过认知共同体里的鲸科学家的影响,因为鲸科学家没有前者那么接近政府决策者,而且就在他们的影响力可能发挥作用的时刻,共同体内部产生了重大科学分歧。

日益全球化的世界亦包罗其他跨国和非国家主体,例如倡议网络、跨国公司、游说团体、释意群体、修辞群体和实践群体这些主体的作用愈发重要(请参阅跨政府网络、非政府组织、商业和企业)。认知共同体不仅起草具体的政府政策,而且更广泛地形成环境治理格局。梅杰林克(Meijerink, 2005)对1945—2003年的荷兰沿海洪水政策进行案例研究,发现由安全专家和环境保护主义者组成的强力倡议联盟已经与土木工程师和生态学家认知共同体合作,提出了适应气候变化的荷兰沿海工程项目。在气候变化领域,高夫和沙克力(2001)发现,环境非政府组织的成员有时会随着专业知识的增长而为更广泛的认知共同体做出贡献。事实上,他们发现,这些非政府组织甚至可能过度参与正式的政策制定过程,因为非政府组织越来越多地被邀请到谈判桌上,并与其希望代表的选民失去联系。

认知共同体的概念面临着一些疑义,特别是人们忽视了为知识生产提供良好环境的政治和权力动力机制。那些正在从环境决策中失败或获益的执政者可能很容易将专家知识政治化以适应自身目标(Litfin, 1995; Toke, 1999; Lidskog, 2002)。环境知识的这种政治化产生了明显的影响,例如未能在国际环境谈判中达成一致,或者一些公众一直认为气候变化是骗局。因此,虽然认知共同体的概念对我们构建政治专业知识起着重要作用,但必须考虑每个案例研究中的权力环境。尽管如此,认知共同体这一重要的研究实体清楚地表明,一个具有公认专业知识、共同政策目标和行动意愿的网络往往极具影响力。

参考文献

Campbell Keller, Ann. 2009. *Science in Environmental Policy: The Politics of Objective Advice*. Cambridge, MA, MIT Press.

Cross, Mai'a K. Davis. 2012. "Rethinking Epistemic Communities Twenty Years Later." *Review of International Studies* 39(1): 137–160.

Dimitrov, Radoslav. 2006. *Science and International Environmental Policy: Regimes and Nonregimes in Global Governance*. Lanham, MD, Rowman & Littlefield.

Gough, Clair and Simon Shackley. 2001. "The Respectable Politics of Climate Change: The Epistemic Communities and NGOs." *International Affairs* 77(2): 329–345.

Haas, Peter. 1990. *Saving the Mediterranean: The Politics of International Environmental Cooperation*. New York, Columbia University Press.

Haas, Peter. 1992. "Introduction: Epistemic Communities and International Policy Coordination." *International Organization* 46(1): 1–35.

Lidskog, Rolf and Göran Sundqvist. 2002. "The Role of Science in Environmental Regimes: The case of LRTAP." *European Journal of International Relations* 8(1): 77–101.

Litfin, Karen, T. 1995. "Framing Science: Precautionary Discourse and the Ozone Treaties." *Millennium* 24(2): 251–277.

Meijerink, Sander. 2005. "Understanding Policy Stability and Change: The Interplay of Advocacy Coalitions and Epistemic Communities, Windows of Opportunity, and Dutch Coastal Flooding Policy 1945–2003." *Journal of European Public Policy* 12(6): 1060–1077.

Peterson, M.J. 1992. "Whalers, Cetologists, Environmentalists, and the International Management of Whaling." *International Organization* 46(1): 147–186.

Toke, David. 1999. "Epistemic Communities and Environmental Groups." *Politics* 19(2): 97–102.

Zito, Anthony. 2001. "Epistemic Communities, Collective Entrepreneurship and European Integration." *Journal of European Public Policy* 8(4): 585–603.

渔 业 治 理

伊丽莎白·R.德松布雷（Elizabeth R. DeSombre）
韦尔斯利学院，美国

鱼类是人类的重要食物资源，在水生生态系统中发挥着核心作用。但是，根据公地悲剧理论，它们经常被过度捕捞，大多数海洋鱼类要么被过度捕捞，要么已达到捕捞极限（FAO，2012：53）。区域性渔业管理组织（RFMOs）对公海渔业资源进行区域治理。这些组织通常专注于某一区域，或者是某一物种，例如印度洋金枪鱼委员会。

虽然每个RFMOs都有各自的程序规则，但是它们存在一些共同之处。有关捕捞限制或许可设备的决定，按照常规流程每年或每两年讨论一次。大多数RFMOs都设立科学委员会，可以安排科研工作、总结研究成果。这些委员会通常就鱼类捕捞或其他管理方法的可持续性给出建议（见"科学"），然后交由渔业委员会投票表决，每个国家都有一票。投票表决通常不需要全体一致同意，因此异议国可以退出本国并不赞同的规则。此外，渔业委员会通过的规章很少像科学建议的那样严格（Barkin and DeSombre，2013：72）。

即便在最好的情况下，渔业治理也仍面临挑战。鱼群的健康状况和它们能维持的捕捞水平常常是不确定的。那些依赖捕鱼维持生计的人往往目光短浅，并且极力主张在短期内获得更多的鱼产品（即使他们是最能从成功的长期保护和保育中获益的人），制造政治压力以推行宽松规制。由于海域宽广以及监督困难，因而没有多少地区遵约和执行所订立的规则（Barkin and DeSombre，2013：21－22）。

各国也可以通过退出规则或仅仅停留在国际监管体系之外，从而拒绝受国际规则约束。渔船也可以注册"方便旗"，悬挂注册国国旗以逃避本国管制、减少费用。因为船舶受其注册国的管制，所以注册国往往通过避免加入 RFMOs 来吸引渔船注册。

由于许多国家提供补贴来支持其国内渔业，从而产生了超过全球鱼类储备（Sumaila and Pauly，2006）的捕鱼能力，因而渔业治理变得更加困难。区域性渔业规制也不符合渔业的全球性质；当船舶被规定禁止捕捞某一特定物种或在某一特定区域捕鱼时，船舶可以转向不同的物种或区域。受监管的鱼类资源可能受到很好的保护，但代价是增加其他地方的捕捞压力。

参考文献

Barkin, J. Samuel and Elizabeth R. DeSombre. 2013. *Saving Global Fisheries*. Cambridge, MA, MIT Press.

Food and Agriculture Organization (FAO). 2012. *State of the World's Fisheries and Aquaculture*. Rome, FAO.

Sumaila, Ussif Rashid and Daniel Pauly (Eds.). 2006. *Catching More Bait: A Bottom-Up Re-Estimation of Global Fisheries Subsidies*. Fisheries Centre Research Reports 14(6). University of British Columbia, Vancouver.

盖 亚 理 论

凯伦·利特芬(Karen Litfin)
华盛顿大学,美国

简言之,盖亚理论是一个可证伪的科学假说。该理论认为地球上的生物圈与大气圈、岩石圈和水圈相互作用,形成有利于促进生命的行星环境(Lovelock, 1979)。与传统的进化论相反,盖亚理论假定生命(根据生态中心主义,包括人类和非人类)共同创造环境,而不是仅仅适应环境。盖亚理论体现了从还原论到科学整体论的范式转变,最明显的是它对地球系统科学的综合性领域的贡献。

然而盖亚理论的社会政治影响可能更大。盖亚理论通过赋予世界灵魂的古老意象(或活的地球),以科学可信度削弱了现代性关于地球的机械论解读:地球是为人类储存资源的巨大仓库。盖亚理论已经影响了整个学术领域,把地球描绘成一个由生物圈构成的复杂系统:大气圈、水圈和岩石圈(Grist and Rinker, 2009)。全球化双刃剑效应和环境破坏预示对行星治理的迫切需要,值此关键时刻,这一理论应运而生。虽然盖亚理论对于政治机构的意义在早期阶段必然是不明朗的,但我们仍然可以看到一些宽泛的原则。

现有人类系统与盖亚平衡的不兼容至少表明,需要对盖亚的生物地球化学子系统进行系统的理解,包括全球碳、氮、氧、硫和水循环。在全球经济中,物质和能源沿着线性轨迹从资源开采到生产再到消费,这与生命系统大相径庭,一个物种的"废物"总是另一个物种的食物。生命系统在推动盖亚的地球生理学理论发展的时候,从细胞到盖亚,通过相互依存的共生网络将废物转化为食物(Litfin, 2012)。盖亚治理将在地球系统的自平衡中调节生产和消费。与当今竞争激烈的全球经济不同,盖亚经济的参与者个体和整体都将从中获益。

盖亚政治涉及共生网络，而不是集权或专制机构。因此，按照盖亚理论建立的治理模式将包括一套内嵌的参与式民主政治体系，适用于不同尺度的全球协商民主等模式。指导原则将是权力下放原则，即社会和政治决策应在最低的可行范围内做出。从生态学的角度来看，问题将是：什么功能最适合全球尺度？全球互联网可能会通过测试，但今天的大部分贸易和旅游都不会。因此，盖亚治理将需要重新定位，但这会使权力的主要杠杆掌握在当权者手中。因而还需要在全球和本地范围内进行思考和行动。在一个极度不平等的世界里，这提出了一个巨大的分配问题：经济发展应该如何在一个生态完整的世界里进行？（Litfin，2010）同样，盖亚治理强调了一个长期的程序问题：在行星范围内，谁来决定？如何决定？自然和社会科学家在地球系统治理的新兴领域（Biermann et al.，2012）中就所有这些问题进行了合作。

当焦虑和绝望威胁着我们采取积极行动的能力的时候，盖亚理论提醒我们，我们是地球超过 40 亿年的进化过程中不可缺少的部分，也是进化的惊人结果。我们既不脱离自然，也不掌控自然；相反，我们是盖亚成长为自我意识的手段。这一见解的结果无疑将在人类未来的文化和制度中体现得淋漓尽致。

参考文献

Biermann, Frank, K. Abbott, S. Andresen, K. Bäckstrand, S. Bernstein, M.M. Betsill, H. Bulkeley, B. Cashore, J. Clapp, C. Folke, A. Gupta, J. Gupta, P.M. Haas, A. Jordan, N. Kanie, T. Kluvánková-Oravská, L. Lebel, D. Liverman, J. Meadowcroft, R.B. Mitchell, P. Newell, S. Oberthür, L. Olsson, P. Pattberg, R. Sánchez-Rodríguez, H. Schroeder, A. Underdal, S. Camargo Vieira, C. Vogel, O.R. Young, A. Brock, R. Zondervan. 2012. "Earth System Governance: Navigating the Anthropocene." *Science* 335: 1306–1307.

Crist, E. and Rinker, B. (Eds.). 2009. *Gaia in Turmoil: Climate Change, Biodepletion, and Earth Ethics in an Age of Crisis*. Cambridge, MA: MIT Press.

Litfin, Karen. 2010. "Principles of Gaian Governance: A Rough Sketch." In *Gaia in Turmoil: Climate Change, Biodepletion, and Earth Ethics in an Age of Crisis*, Eds. Eileen Crist and H. Bruce Rinker, 195–219. Cambridge, MA, MIT Press.

Litfin, Karen. 2012. "Thinking Like a Planet: Integrating the World Food System into the Earth System." In *International Handbook of Environmental Politics*, 2nd Edition, Ed. Peter Dauvergne, 419–430. Cheltenham, Edward Elgar.

Lovelock, J. 1979. *Gaia: A New Look at Life on Earth*. Oxford, Oxford University Press.

全球协商民主

约翰·法赖泽克（John Dryzek）
澳大利亚国立大学，澳大利亚

博曼(Bohman，2007)和德赖泽克(2006)等提出了全球协商民主概念，后来巴伯和巴特利特(Baber and Bartlett，2009)将其应用于环境事务。这一概念包括协商民主的理论和实践在全球治理中的应用。因此，它寻求在全球层面兑现绿色民主的承诺。协商民主建立在这样一种观点上，即民主合法性取决于那些参与协商并服从集体决策的人(或其代表)的权利、能力和机会。协商是一种特殊的沟通形式，它包括相互论证以及对集体行动的理由进行反思，当然其中也包括一系列的交流方式，如言辞和证言，而不仅仅是争论。参与者应该努力说服那些不认可他们的概念框架的人。举个例子，深层生态学的支持者应该努力去接触那些赞同商业友好型可持续发展(如“自由环境主义”或“生态现代化”)的人。协商民主思想比传统的强调选举的民主方式更适用于全球政治，因为目前很难设想在全球层面组织选举。协商民主的原则可以用来评估现有的实践，比如条约谈判(通常与理想情况相差甚远)，并可以体现在诸如公民论坛等制度安排上，或者非正式的实践上，比如环境非政府组织与权力中心的接触。

在环境领域(在任何层面上)，许多学者声称协商民主能够产生更具有效性的集体决策，而不仅仅是更具合理性的集体决策(Smith，2003；Baber and Bartlett，2005)。环境领域的协商民主依据于下列理论主张。第一，协商提供了一种有效的机制，能够融合复杂问题相关的各方观点，这里所指的相关各方可以是专家、普通民众、政治活动家或政府官员。第二，由于提及全球公共物品或普遍利益的观点比提及部分利益的观点更具说服力，协商将导向集体利益而不是部分利益，环境保护因此从中受益。第三，参与协商使人们注意到那些不存在于某一特定领域的人的利益——这可以延伸到后代和非人类(见“生态中心主义和正义”)。第四,协商是将社会生态系统状况反馈到集体决策过程的一种特别好的方式。第五,参与协商论坛有助于使人们成为更好的环境公民。公民论坛微观层面的研究结果为这些主张提供了实证支持,但更重要的是,它们能否在宏观系统中得到实施。这里的证据不那么令人信服,因为宏观系统很少按照协商的方式来组织。

从协商民主的角度来看,全球环境治理方面目前存在问题的原因如下(Stevenson and Dryzek, 2014):第一,交流经常发生在观点相同人士聚集的时候。这些聚会可能包括各种各样的世界商业峰会,以及像“人民气候论坛”这样的激进民间社会论坛——该论坛与 2009 年的哥本哈根世界气候大会同期举行。第二,在更广泛的公共领域中协商活动的活力没有延伸到由各国代表谈判达成全球协定的论坛上。第三,新的跨国环境治理网络(如国际地方环境倡议理事会、城市网络、清洁科技基金,参见“跨政府网络以及伙伴关系”)往往只体现在政府和市场主体的有限参与上。在实践中,协商的论坛看似可能缺乏包容性和实效性,正如斯考滕(Schouten, 2012)所展示的关于大豆生产和可持续棕榈油生产的多方利益相关者圆桌会议的案例一样。此外,在协商意义上,全球环境治理并不是一无是处。利特芬(1994)关于“臭氧空洞”的想法促成了 1987 年的《关于消耗臭氧层物质的蒙特利尔议定书》,表明修辞可以发挥作用;而修辞只是说服的一种形式,可以(有条件地)在协商民主中被接受。

鉴于目前明显的协商不足,协商民主人士提出了若干改革方案。许多已经在不同尺度(地方、区域和国家)的环境治理中实施,但在全球层面却相对较少。一项改革是将公民协商的时刻直接纳入系统。迄今为止,全球最大胆的尝试是关于 2009 年的《气候变化框架公约》和 2012 年的《生物多样性公约》的世界公民高峰会(Rask et al., 2012)。在这两种情况下,来自 38 个国家(关于《气候变化框架公约》)或 25 个国家(关于《生物多样性公约》)的 100 名普通公民在同一天进行了相同的论坛讨论。相较于政府准备接受的方案,几乎所有国家的公民都支持更强硬的行动。公民协商结果在随后的国际谈判中提出,但对谈判内容没有明显的影响。巴伯和巴特利特(2009)建议使用公民陪审团来协商假设的环境问题,以便产生新的国际习惯法原则;他们已在几个国家进行了试点。

其他改革建议的目标指向整个全球治理体系。它们包括促进在更广泛的公共领域内外的协商。我们可能会寻求与峰会外交并行的参与,例如世界企业永续发展委员会举办的峰会,以及参与激进论坛,例如 2012 年联合国可持续发展会议(“里约+20”峰会)期间进行的社会与环境正义的人民峰会。可以通过改革过程使国际条约谈判更像协商而不是讨价还价。把谈判置于协调人而不是主席的庇护下,遵循议事规则,而不是辩论规则。可以鼓励谈判代表以协商(双向)方式对公民社会代表负责,而不是采用像政府代表团在多边谈判中为其国家媒体和非政府组织所做简报那样的更普遍的叙述(单向)风格。专家的作用(如政府间生物多样性和生态系统服务平台所声称的)可能会被重新审视,因为这需要得到有能力的公民的认可——就像多数边界组织一样,科学权威的断言只是其中一部分。整个系统的协商性可能会受益于一些破裂时刻,这些时刻迫使人们反思特定问题的严重性。例如,《联合国气候变化框架公约》的气候行动网络每天都会颁发“化石奖”,这种蒙羞策略有时会令获奖方对自身立场进行反思,并提出更充分的辩护理由。

民主的合法性与政策的有效性在全球环境治理领域中的重要性不亚于其他领域。全球协商民主旨在通过寻求真实、包容和有实效的协商来试图实现这一双重目标。

参考文献

Baber, Walter F. and Robert V. Bartlett. 2005. *Deliberative Environmental Politics: Democracy and Ecological Rationality*. Cambridge, MA, MIT Press.

Baber, Walter F. and Robert V. Bartlett. 2009. *Global Democracy and Sustainable Jurisprudence: Deliberative Environmental Law*. Cambridge, MA, MIT Press.

Bohman, James. 2007. *Democracy Across Borders: From Demos to Demoi*. Cambridge, MA, MIT Press.

Dryzek, John S. 2006. *Deliberative Global Politics: Discourse and Democracy in a Divided World*. Cambridge, Polity Press.

Litfin, Karen T. 1994. *Ozone Discourses: Science and Politics in Global Environmental Cooperation*. New York, Columbia University Press.

Rask, Mikko, Richard Worthington, and Minna Lammi. 2011. *Citizen Participation in Global Environmental Governance*. London, Earthscan.

Schouten, Greetje, Pieter Leroy, and Pieter Glasbergen. 2012. “On the Deliberative Capacity of Private Multi-Stakeholder Governance: The Roundtables on Responsible Soy and Sustainable Palm Oil.” *Ecological Economics* 83: 42–50.

Smith, Graham. 2003. *Deliberative Democracy and the Environment*. London, Routledge.

Stevenson, Hayley and John S. Dryzek. 2014. *Democratizing Global Climate Governance*. Cambridge, Cambridge University Press.

全球环境基金

本杰明·丹尼斯（Benjamin Denis）
圣路易斯大学，布鲁塞尔，比利时

全球环境基金(GEF)是一个国际组织，致力于通过资助发展中国家和转型期国家(包括新兴国家)的项目来保护全球环境。

创设 GEF 是政治妥协，体现了当时的权力关系。它最初是世界银行管理的一个为期三年的共同筹资项目，后来得到了 UNDP 和联合国环境规划署的联合资助(Young and Boehmer-Christiansen, 1998)。GEF 就发展中国家的需求表达了发达国家的善意，率先提议创建金融机制(Boisson de Chazournes, 2005: 193)，这些举措推动了 1992 年里约峰会的筹备工作。由于建立一个独立机构的代价很高，因而发达国家更愿意在这个阶段启动试点，然后再考虑建立一个新机构或将环境问题纳入世界银行的投资组合，就像美国希望的那样。

GEF 于 1994 年成为独立的常设机构，偶尔会被描述为受控于世界银行(Gupta, 1995)。从 1994 年起，GEF 作为一个完全成熟的组织，拥有自己的组织架构和决策程序。其决策程序反映了一种微妙的平衡：一方面是确保成员国的公平、均衡参与，另一方面需要考虑成员国捐助的多少(Boisson de Chazournes, 2005: 196－197)。例如，理事会，即 GEF 的主要理事机构，由 32 个成员组成，其中 18 个来自受惠国(16 个发展中国家，2 个转型期国家)，14 个来自发达国家。决策程序复制了布雷顿森林体系的选区模型，大多数成员代表的是国家集团。这确保了各个国家在审议、评估 GEF 政策和方案时广泛、均衡地参与。决策程序也寻求达成一种复杂的平衡：决策采取协商一致的原则，但也设计了一种双重加权的投票制度。投票中的双重加权是指：代表 60%以上的成员国同意以及认缴资金总额达 60%以上的参与国同意。投票遵循“一国一票”的普遍性原则，但主要援助国保有否决权。

尽管如此，迄今尚未启用投票程序。

GEF 管理的基金由成员国的自愿赠款构成。四年内，GEF 希望参与的国家承诺提供财政支持，并通过“GEF 增资”谈判来讨论 GEF 的活动。2011 年至 2014 年期间的 GEF 信托基金第五次增资，筹集了 43.4 亿美元。

GEF 的主要功能之一是覆盖不同的问题领域。最初只有四个“焦点领域”，即气候变化、国际水域、生物多样性以及臭氧层，后来又逐步补充了其他问题，尤其是土地退化和持久性有机污染物问题。GEF 在各种环境条约(如《持久性有机污染物公约》和《防治荒漠化公约》)中被正式定义为“执行实体”，这进一步加强了其跨领域的性质。它的多领域、多公约性质是协同效应的源泉，为规模经济提供了条件，但也可能带来 GEF 在运作中必须面对的制度互动和协调挑战(Boisson de Chazournes，2005：200－201)。

在其资助的项目中，GEF 与负责项目开发和管理的机构开展合作。最初，UNDP、UNEP 和世界银行是与 GEF 合作的仅有的执行实体。该名单逐步在增加，目前包括多家开发银行和其他 UN 机构，有 10 个国际组织作为 GEF 的执行机构。

尽管财政资源有限(Clemengon，2007)，但 GEF 仍可以被视为全球环境治理的一个基本要素。这个自治而嵌入式的机构，基于一个多元合作的行动者网络，由各成员国组成的实体领导从而集中体现了跨国治理的具体含义(Streck，2001)。

参考文献

Boisson de Chazournes, Laurence. 2005. “The Global Environment Facility (GEF): A Unique and Crucial Institution.” *Review of European and International Environmental Law* 14(3): 193–201.

Clémençon, Raymond. 2007. “Funding for the GEF Continues to Decline.” *The Journal of Environment and Development* 16(1): 3–7.

Gupta, Joyeeta. 1995. “The Global Environment Facility in a North–South Context”. *Environmental Politics* 4(1): 19–43.

Streck, Charlotte. 2001. “The Global Environment Facility: A Role Model for International Governance.” *Global Environmental Politics* 1(2): 71–94.

Young, Zoe and Sonja Boehmer-Christiansen. 1998. “Green Energy Facilitated? The Uncertain Function of the GEF.” *Energy and Environment* 9(1): 35–59.

全球环境治理研究

奥兰·R.杨（Oran R. Young）
加州大学圣芭芭拉分校，美国

当出现下列情况时，就有必要进行跨国环境治理：① 人类利用位于单个国家管辖权之外，或者跨越国家主权边境移动的公共池塘资源（如鱼类、海洋哺乳动物、遗传资源）；② 人类活动涉及使用位于国际空间的其他资源（如深海底矿产、地磁频谱）；③ 环境外部产生的跨界影响（如远程空气污染）；④ 需要保护或改善国际重要生态系统（如平流层臭氧层、气候系统）。在城市或国家系统中，我们通常会求助于政府来实现环境治理目标。但是，国际社会的无政府主义特征排除了这种方法，这使环境治理的供给超出了国家范围，也使得人们对无政府情况下实现治理目标所必需的条件产生了持续的兴趣。小区域内的"没有政府的治理"研究也快速发展，人际交流在这里很常见，社会规范以及文化嵌入性实践提供治理基础（Ostrom et al.，2002）。《臭氧层框架公约》在逐步淘汰臭氧消耗物质的生产和消费领域获得的成功说明，在缺乏政府的情况下依然有可能在全球范围内实现治理目标。这一认识引发了一系列关于环境治理需求和可行解决方案的研究，也使人认识到并不需要通过诸如区域治理体系等方式对国际社会的特征进行根本性改变。

全球环境治理的研究结果，特别是发表在诸如《全球环境政治》《国际环境协定》等期刊上的论文，将人们的注意力投向几个相互关联但却截然不同的实质性主题（Young et al.，2008）。研究者们最初关注的是成功或失败的决定因素，以形成他们口中的治理体系或制度。这自然涉及国际环境公约的有效性问题。为什么有些公约（如《臭氧层框架公约》）能够成功实现治理目标，而其他公约（如《气候变化框架公约》）则失败了？从这些核心问题延伸出了数个研究分支。一些分析人士将注意力集中在环境治理体系的变化上，寻找公约对内部和外部压力组合的应对模式。其他人研究了制度互动，包括环境制度和其他事务（如国际贸易制度）治理体系之间相互作用的后果。还有一些人震撼于人类世以来的成就，开始探讨人类世的成功条件是否与先前的条件不同（Biermann，2012）。这些问题的实质是成功的治理体系设计。我们能否从环境治理体系的研究中汲取经验教训，以便设计和实施更有效的制度安排，以满足社会对环境治理的新需求？

全球环境治理研究领域在方法论上是折中的，主流包括理论扎根和定性案例研究（Andresen et al.，2012）。现在有数百个这样的案例研究。有一个规模较小但不断成长的定量研究机构，它处理大规模的案例，并利用统计程序来对环境治理系统（Breitmeier et al.，2011）进行经验归纳。该领域近期研究的一个显著特点是寻找大规模案例分析的方法，同时探索复杂因果关系的通用模式。一个例子是定性比较分析，它运用布尔代数来寻找解释利益结果（例如，环境治理体系的成功或失败）（Stokke，2012）的必要或充分条件。如果从多种分析模式中得出的结论趋于一致，则会增强结论的有效性；如果结论之间存在分歧，则会构建新的问题，从而激活下一阶段的研究。今天，该领域仍然是环境治理洞见的源头活水。

参考文献

Andresen, Steinar, Elin Lerun Boasson, and Geir Hønneland (Eds.). 2012. *International Environmental Agreements*. New York, Routledge.

Biermann, Frank. 2012. "Greening the United Nations Charter: World Politics in the Anthropocene." *Environment: Science and Policy for Sustainable Development* 54(3): 6–17.

Breitmeier, Helmut, Arild Underdal, and Oran Young. 2011. "The Effectiveness of International Environmental Regimes." *International Studies Review* 13(4): 579–605.

Ostrom, Elinor, Thomas Dietz, Nives Dolsak, Paul C. Stern, Susan Stonich, and Elke U. Weber (Eds.). 2002. *The Drama of the Commons*. Washington, National Academy Press.

Stokke, Olav S. 2012. *Disaggregating International Regimes*. Cambridge, MA, MIT Press.

Young, Oran R., Leslie A. King, and Heike Schroeder (Eds.). 2008. *Institutions and Environmental Change*. Cambridge, MA, MIT Press.

全球公共物品

塞利姆·劳阿菲 (Sélim Louafi)
法国农业研究国家发展中心，法国

全球公共物品(GPG)的概念至少具有两个理论依据。第一个是对经济学家、诺贝尔奖得主保罗・塞缪尔森(Paul Samuelson)于20世纪50年代提出的公共物品理论在全球层面的拓展。它建立在公共性(而非私人物品)的两个属性上：非竞争性(不因其他人消费同一物品而受到影响)和非排他性(不能排除其他人消费这一物品)。就GPG而言,这两个属性跨越国界：公共物品的收益和外部性跨越国家主权;公共物品可被所有人消费。阳光、气候的稳定性是全球范围内非竞争性和非排他性物品的两个典型例证(关于具有竞争性但不具排他性的物品的讨论,请参阅"公共悲剧")。随着全球化和国家间相互依赖程度的加深,公共物品逐渐遍及全球。

第二个理论来自批判政治经济学领域。它主要讨论当前国际架构应对全球挑战的局限性问题。全球政策制定中的三个差距导致了全球公共物品的供给不足(Kaul et al., 1999：450)：① 由于全球挑战与国家领土能力之间的差异而造成的管辖权差距;② 由于许多促成全球公共物品的利益相关者在国际政策制定中未被充分代表而造成的参与差距;③ 由于缺乏国际合作的足够诱因而造成的激励差距。

由于不存在一个独特的全球环境治理国际政府,因而作为一个单独的制度或一个世界环境组织,全球层面的国家和非国家主体之间的集体行动对于提供全球公共物品是至关重要的。跨国问题和处理跨国问题的国际协调,在全球公共物品概念出现以前已然存在(例如19世纪的霍乱疫情控制)。然而全球公共物品概念提供了一个分析框架,以系统的方式解决具有类似特征的问题,以前只是以离散或部门方式考虑,如获得药物和获得食物(Segasti and Bezanson, 2001：1)。

虽然一些全球事务天生具有公共性,但许多全球公共物品是建构出来的。在这些情况下,私人性和公共性之间的区别源于产权安排的政治决定,因而也是物品竞争性和排他性设定的结果。植物遗传资源本质上不是全球公共物品,但它是成员国按照《粮食和农业植物遗传资源国际条约》(ITPGRFA)的决定构建的。这引出了许多问题:集体偏好在国际层面如何加总?全球公共物品如何筹措资金?国际组织在提供公共物品时发挥着怎样的作用?

全球公共物品概念引起了学界关于其模糊性和实用性的广泛争论(Carbone, 2007: 185)。尽管存在这些缺陷,但不能否认这一联合国千年发展目标正式确立的概念指出了国际社会面临的现实问题。虽然很多人会质疑这个概念能否长久存在(大部分关于 GPGs 的文献是从 2000 年开始的),但它无可辩驳地导致了一些重大的创新,继续影响着当前的国际讨论:比如新的国际协议,例如《粮食和农业植物遗传资源国际条约》;以及用于发展援助的新的多尺度治理方法,例如国际农业研究资助。

参考文献

Carbone, Maurizio. 2007. "Supporting or Resisting Global Public Goods? The Policy Dimension of a Contested Concept." *Global Governance* 13(2): 179–198.

Kaul, Inge, Isabelle Grunberg, and Marc Stern (Eds.). 1999. *Global Public Goods: International Cooperation in the 21st Century*. New York, Oxford University Press.

Segasti, Francisco and Keith Bezanson. 2001. *Financing and Providing Global Public Goods: Expectations and Prospects*. Stockholm, The Swedish Ministry of Foreign Affairs.

草根运动

布赖恩·多尔蒂(Brian Doherty)
基尔大学，英国

虽然“草根”的意义是值得商榷的，但目前普遍认为，草根运动都具有某些共同特点：它们存在于政治机构之外，也就是说，它们不由政府或政党创建；它们是由非专业人员组成的非正式组织（就这一点而言，与非政府组织不同）；其参与者多半不是最强大或资源最充足的；它们关注特定地区事务，主要在本地活动。

除了这些广泛的趋势外，还缺乏关于草根运动的系统数据，部分原因是它们数量众多。例如，在全球范围内，任何时候都有成千上万的关于环境问题的草根运动，因此学者们不可能对它们进行一一分析甚至记录。因此，学术知识建立于特定草根运动的案例研究基础上，而这些运动不一定具有科学的可比性(Rootes, 2007)。从经验上看，环境草根运动可以分为三种类型：① 全球南部“受影响社群”的抗议；② 全球北部环境正义运动；③ 受生态中心主义或深层生态学影响的直接行动式无政府主义绿色网络（主要在全球北部）。

前两类草根运动通常是某地区对新的威胁或突发不满情绪做出的反应。在过去的20年中，公共资源的商品化掀起了全球南方地区的抗议群体对矿山、堤坝以及征地的抵抗热潮。全球政治经济的新自由主义重构，使得发展与拆除环境、规划法规以及减少国家和社会支出密切相关。特别是在拉丁美洲，当地社群以及农村贫民抵制矿产、石油和天然气开采方面的新采掘主义，抵制行为引发了频繁的冲突，并发展出了批判政治经济学强势抗议话语。

草根组织的话语、动员形式和行动能力取决于实际情况。例如，多伊尔(Doyle, 2004)将菲律宾的反采矿抗议者的非对抗性激进传统，与矿业公司的对话或澳大利亚积极分子青睐的象征性直接行动进行了对比。在讨论中，涉及环境问题冲突的草根运动更多地将其身份认定为保卫社群，而不是打着全球环境主义的名义。这也意味着其动员受到社会建构的社群意识的影响。在对美国环境正义运动的分析中，里克特曼（Lichterman，1996）将有色人种社群中的层级组织与白人"绿色"团体的扁平结构进行了对比，发现在有色人种社群中，支持运动是理所当然的；而在白人"绿色"团体中，成为积极分子标志着他们是不同的，因此，他们需要感受到个人价值。草根群体也不一定是民主的，它们经常再现当地存在的不平等形式（Hickey and Mohan，2004）。

与其对手相比，草根群体缺乏资源，这意味着它们的影响往往取决于外部因素，比如可能导致项目不可行的经济和政治决策（Rootes，2007），或与非政府组织或其他基层组织的成功联盟。有证据表明，通过互联网降低沟通成本可以使草根群体之间建立更多的跨国网络（Bandy and Smith，2005）。这方面的证据体现在已经发展起来的新型过渡性非政府组织，如"农民之路"，以及草根网络参与世界社会论坛等国际空间（Reitan，2007）。

基于场所的草根环境运动很少受其位置限制，并通过网络关系与国家政治和国际政治主体联系起来（Dwivedi，2001；Doherty et al.，2007；Featherstone，2008）。因此，草根运动的话语往往是复杂的，而不是简单地捍卫地方自治，用传统知识反对发展或西方科学。然而也可以认为，与外部主体（包括环境非政府组织）的联盟存在着改写地方议程以符合国家或国际组织利益的风险。

参考文献

Bandy, Joe and Jackie Smith (Eds.). 2005. *Coalitions across Borders, Transnational Protest and the Neoliberal Order*. Oxford, Rowman & Littlefield.

Doherty Brian, Alexandra Plows, and Derek Wall. 2007. "Environmental Direct Action in Manchester, Oxford and North Wales: A Protest Event Analysis." *Environmental Politics* 16(5): 805–825.

Doyle, Timothy J. 2004. *Environmental Movements in Majority and Minority Worlds: A Global Perspective*. New Brunswick, NJ, Rutgers University Press.

Dwivedi, Ranjit. 2001. "Environmental Movements in the Global South: Issues of Livelihood and Beyond." *International Sociology* 16(1): 11–31.

Featherstone, David. 2008. *Resistance, Space and Political Identities: The Making of Counter-Global Networks*. Oxford, Wiley-Blackwell.

Hickey, Samuel and Gilles Mohan (Eds.). 2004. *Participation: From Tyranny to Transformation?* London, Zed Books.

Lichterman, Paul. 1996. *The Search for Political Community: American Activists Reinventing Tradition.* Cambridge, Cambridge University Press.

Reitan, Ruth. 2007. *Global Activism.* London, Routledge.

Rootes, Christopher. 2007. "Acting Locally: The Character, Contexts and Significance of Local Environmental Mobilisations." *Environmental Politics* 16(5): 722–741.

绿色民主

罗宾·埃克斯利(Robyn Eckersley)
墨尔本大学,澳大利亚

随着第二次世界大战后生态问题呈指数增长,环境政治理论家出于对自由民主制的生态失败的批判,于20世纪90年代提出了绿色民主理念。尽管20世纪70年代初期的"增长的极限"争论(见"承载能力范式")认为,生态专制国家是避免生态超载和生态崩溃的唯一手段,但是绿色(或生态)民主的倡议者认为,解决生态危机需要更多的而不是更少的民主。绿色民主主义者也同样强调以多种方式,通过现代环境运动和绿色政党令自由民主制更加充实。

根据绿色民主的批判,自由民主制被一系列民主赤字所困扰,以牺牲环境保护的长期全球公共物品为代价来满足短期、精致的私人利益。这些问题包括选举周期的短视,扭曲的公共领域、政治参与的不平等以及公共决策过程的讨价还价。更根本的是,自由民主制不适合生态相互依存的世界,因为选举出的代表对责任的认识有限,不必就决策带来的跨境和跨时间生态后果对选区做出回应。他们也不用代表非人类世界的利益,这些扩大民主代表的理由来自生态中心主义。

绿色民主主义者的主要目标是保护或者提出一系列关于政治参与、协商、代表以及问责的补充性权利、规范、法律、管理程序、制度和实践,可以更加系统地考虑长期、跨界生态利益。这些包括新的宪法人权和环境权,后代和非人类物种的政治托管的新形式,如预先防范原则之类的新的法律原则,促进跨境环境程序权利的新协议(如1998年的《奥尔胡斯公约》)(Eckersley, 2004)。

绿色民主主义者也捍卫全球协商民主,因为协商的基础是公开的、批判性的理性交流,它有助于扫除无知的纯利己观点,支持环境保护等普适利益。

有批评者指出，为后代和非人类物种进行“政治托管代表”会引发责任问题，因为环境代表们不必回应他们的选区。其他人指出，这些试图代表后代和非人类物种的人士的主张应在公共领域里进行验证（O'Neill，2001）。

参考文献

Eckersley, Robyn. 2004. "From Liberal to Ecological Democracy." In *The Green State: Rethinking Democracy and Sovereignty*, Ed. Robyn Eckersley, 111–138. Cambridge, MA, MIT Press.

O'Neill, John. 2001. "Representing People, Representing Nature, Representing the World." *Environment and Planning C: Government and Policy* 19(4): 483–500.

Smith, Graham. 2003. *Deliberative Democracy and the Environment*. London, Routledge.

危险化学品公约

彼得·霍夫（Peter Hough）
伦敦米德萨斯大学，英国

《关于在国际贸易中对某些危险化学品和农药采用事先知情同意程序的鹿特丹公约》(简称《鹿特丹公约》)于1998年制定、2004年生效。《鹿特丹公约》要求，出口国从其境内出口其已禁用的化学品时，应基于事先知情同意程序(PIC)，向进口国发出出口通知。在PIC下，出口国必须提供决定指导文件，详述国内限用化学品的污染和健康原因，例如对硫磷和DDT(双对氯苯基三氯乙烷)。受到博帕尔化工厂灾害事件的启示，《鹿特丹公约》打算赋予联合国粮农组织(FAO)于1986年颁布的《关于农药分销与使用的国际行为准则》第9章以法律约束力。博帕尔化工厂甲基异氰酸酯泄漏，导致数千人死亡。工厂的所有人是美国联合碳化公司，而工厂所在国的印度政府完全不知晓该物质。化工行业原本反对将PIC纳入自愿的行为规范，但在农药行动网络(一个1982年创立的非政府组织联盟，它关注南半球国家由于农药使用的增长而带来的污染后果)发起公民社会运动后，终于在20世纪90年代初支持PIC，PIC作为具有约束力的国际规则而被建立起来。化工行业的转向原因是对备选方案的恐惧，比如彻底禁止出口某农药，1991年至1992年间美国曾讨论过此类清单(Hough，1998)。

《鹿特丹公约》的特点是有一个化学品审查委员会。它根据缔约方或非政府组织的提案，议定是否应把新的化学品列入自动触发PIC的名单(附件三)。至2013年，名单包括43种化学品。列入名单需要得到缔约方的全体一致通过。在名单中增加化学品的进展缓慢，因为商业团体和企业经常说服国家代表团来阻止此事发生。最臭名昭著的例子就是温(白)石棉的列入。温石棉是一种众所周知的造成全球每年至少十万人死亡的致癌物质，然而加拿大领导的主要出口国代表极力抵制将温石棉列入名单，这令加拿大的环境运动大为惊恐。《鹿特丹公约》与其姐妹国际机制——《持久性有机污染物公约》和《危险废物框架公约》——在治理的道路上共同砥砺前行(Selin，2010；Hough，2011)。上述国际机制的存在引发了关于全球化学品安全的讨论，并有助于把明目张胆的既得利益公之于众。于是在2012年，面对来自非政府组织的压力和认知共同体提供的证据，加拿大宣称，将不再反对把温石棉列入名单，这为推进全球化学品安全治理提供了便利。

参考文献

Hough, Peter. 1998. *The Global Politics of Pesticides: Forging Consensus from Conflicting Interests*. London, Earthscan.

Hough, Peter. 2011. "Persistent Organic Pollutants and Pesticides." In *Global Environmental Politics: Concepts, Theories and Case Studies*, Ed. Gabriela Kutting, 179–191. London, Routledge.

Selin, Henrik. 2010. *Global Governance of Hazardous Chemicals: Challenges of Multilateral Governance*. Cambridge, MA, MIT Press.

危险废物框架公约

亨里克·塞林(Henrik Selin)
波士顿大学,美国

1989年的《控制危险废物越境转移及其处置的巴塞尔公约》是治理对人类健康和环境有害的废物管理和贸易问题的主要国际协议。危险废物的范围从废弃化学品和家用电子产品到淘汰的船只。多数危险废物贸易发生在发达国家,但是主要从发达国家转移到发展中国家,相关的环境和人类健康风险导致条约谈判(Clapp, 2001)。

《巴塞尔公约》是首个批准"事先知情同意"的环境协议,出口国在船运前必须得到进口国的批准。仅当协议的严格程度不亚于《巴塞尔公约》时,缔约国才能与非缔约国进行危险废物贸易。禁止向南极洲和实行国内进口禁令的国家出口。缔约国也提出了危险废物的环境安全存储和处置的技术方针。

1992年的《巴塞尔公约》生效后,一些国家和非政府组织,如绿色和平组织和巴塞尔行动网络力主更严格的贸易管制,以防止发展中国家发生不必要的进口(Kummer, 1995)。1995年禁令修正案禁止经合组织、欧盟(EU)成员国、列支敦士登为了最终处置和回收而向其他国家出口危险废物。由于没有获批,因而禁令修正案没有生效,但是欧盟通过了禁止向发展中国家出口危险废物的禁令。

发展中国家投身于区域治理,通过谈判来达成《巴塞尔公约》的补充区域协议(Selin, 2010)。1991年的《禁止向非洲输入危险废物并管制危险废物在非洲境内越境转移的公约》(《巴马科公约》)禁止从非非洲国家进口危险废物。1991年第四个《洛美协定》禁止在欧盟成员国、亚洲前殖民地国家、加勒比海地区和太平洋地区之间进行危险废物贸易。1995年的《韦盖尼公约》禁止向南太平洋地区的岛屿国家输入危险和放射性废物。

1999年的《巴塞尔公约》的责任和《补偿议定书》对危险废物运输事件中的经济责任做出了认定(见"责任"),但是议定书尚未具有法律效力。缔约国也创设了遵约和执行机制,来监管危险废物的产生和跨境运输。此外,缔约国还建立了区域中心,以帮助各国提升改进废物处理手段的能力。

为了加强治理,2011年缔约国采用了实现总体目标战略框架和更好考核危险废物管理进展的绩效指标。为了再用和(或)回收而不断增长的电子产品贸易,引起了对危险废物的更多关注。许多人暴露在大量有毒物质下,他们主要位于介入回收业务的发展中国家,这将涉及重要的环境正义问题(Pellow, 2007)。

参考文献

Clapp, Jennifer. 2001. *Toxic Exports: The Transfer of Hazardous Wastes from Rich to Poor Countries.* Ithaca, NY, Cornell University Press.

Kummer, Katharina. 1995. *International Management of Hazardous Wastes: The Basel Convention and Related Legal Rules.* Oxford, Clarendon Press.

Pellow, David Naguib. 2007. *Resisting Global Toxics: Transnational Movements for Environmental Justice.* Cambridge, MA, MIT Press.

Selin, Henrik. 2010. *Global Governance of Hazardous Chemicals: Challenges of Multilevel Management.* Cambridge, MA, MIT Press.

Selin, Henrik. 2012. "Global Environmental Governance and Regional Centers." *Global Environmental Politics* 12(3): 18–37.

人权和环境权

索菲·拉瓦莱 (Sophie Lavallée)
拉瓦尔大学，加拿大

1972 年，斯德哥尔摩宣言声明，如果人类想享有其他权利，健康的环境是必不可少的。从此之后，多个法律文件承认清洁环境的权利。该权利维护的主要目标同环境法一样，即通过合理的居住环境保护人类，然而清洁环境权利并没有在公共部门得到应用。环境权利是基本人权，人类有责任行使该权利以避免国家不支持。

尽管前两代人权，无论是公民的政治权利，还是经济、社会和文化权利，都被所有的人权法律文件承认，但清洁环境权利却没有得到公认。虽然人权是不可分割的，但仅有两个国际公约在特定条件下承认清洁环境权利。第一个公约是 1989 年的《儿童权利公约》，其第 24 章提出保护环境权利以增进儿童的健康权利；1989 年的《关于独立国家土著和部落民族的公约》(《第 169 号公约》)也在第 4 章中提出清洁环境权利，要求国家采取特别措施以保护本地居民的环境(见“土著人和当地社群”)。

区域治理领域有所进展。1981 年的《非洲人权和民族权利宪章》(简称《非洲宪章》)规定“一切民族均有权享受有利其发展的普遍良好的环境”。这个提到“民族”权利的集合名词未在《美国人权公约》中有关经济、社会和文化权利领域的附加议定书里出现。尽管如此，一些美洲人权体系下通过的决定似乎开始承认人权的集合形式(Francioni，2010：51)。

于 20 世纪 50 年代通过的《欧洲人权公约》及其议定书，都未承认清洁环境权利。欧洲体系的个人环境权利，被视为其他明确承认的人权的延伸，比如生命权、健康权、个人和家庭权、信息权和咨询权。

对于多数倡议者而言，即使是人权的人类中心主义，承认清洁环境的自治权是很有必要的(Anderson，1996；Attapatu，2002；Shelton，2007)。第一，不管政府如何懈怠环境保护工作，普适的人权足以保证任何个人可以从中受益。通过权利解决环境保护问题，那么清洁环境权利就可以在法律规范层级体系中获得优先地位，脱离政策可以改变的偏好领域，进入可以比较和平衡的权利领域。第二，如果受害人仅能借由其他人权来保护自身权益，则权利不能得到充分保障。即使法院能够以惩罚环境暴力的形式解释第一代和第二代权利，它们也不能确保最佳的环境保护。证明环境退化和权利侵害之间的因果关系，是举证阶段的主要困难(Shelton，2007)。

因此，受《非洲宪章》启发，应当考虑清洁环境的集体基本权利。实际上，仅保护个人层面的人权，可能是社会退化的一个因素。个人的人权仅仅能防止最坏状况的发生，不能带来任何社会进步。在集体人权方面，仍有更多的工作有待完成(Francioni，2010：54－55)。

参考文献

Anderson, Michael R. 1996. "Human Rights Approaches to Environmental Protection: An Overview." In *Human Rights Approaches to Environmental Protection*, Eds. Alan Boyle and Michael Anderson, 1–24. Oxford, Clarendon Press.

Atapattu, Sumudu A. 2002. "The Right to a Healthy Life or the Right to Die Polluted?: The Emergence of a Human Right to a Healthy Environment under International Law." *Tulane Environmental Law Journal* 16(1): 65–126; and also in *Human Rights and the Environment*, Ed. Dinah Shelton, 57–118. Cheltenham, Edward Elgar.

Francioni, Francesco. 2010. "International Human Rights in an Environmental Horizon." *European Journal of International Law* 21(1): 41–55.

Shelton Dinah. 2007. "Human Rights and the Environment: What Specific Environmental Rights Have Been Recognised?" *Denver Journal of International Law and Policy* 35: 129–171.

土著人和当地社群

马可·赫夫蒂（Marc Hufty）
国际关系与发展研究院，瑞士

土著人和当地社群是全球环境治理领域中一类非常重要却遭到忽视的行为主体。简单来说，20 世纪 80 年代联合国把土著人认定为一类在该领土上具有历史延续性、文化独特性并认同自身土著身份的族群。世界上遍布 3.5 亿土著人，他们占用全球 22%的土地面积，其中 70%居住在亚洲。而当地社群指的是沿袭传统的亲近自然生活方式的群体。当地社群是一个更宽泛的概念，时常用来避免讨论是否为土著的争论。

土著人和当地社群不久前仍被视为一个阻碍民族国家推动现代社会合理利用自然资源的绊脚石。他们的无知会对环境造成损害，尤其刀耕火种的原始方式，是造成森林砍伐的主要原因。因此，土著与当地社群融入现代社会具有积极意义，而且势在必行。

但是随着历史发展，人们对土著人的认知和态度发生了根本性转变。土著人政治力量的涌现，使得本地政治越来越受到重视，而土著人拥有的传统知识，也被认为可以给环境治理带来重要贡献。

20 世纪，土著人逐渐成为主要的国际主体，表现在对抗政府压力方面和方式的全面性方面。土著代表介入国际事务的首个案例可以追溯到 20 世纪 20 年代。易洛魁（长屋人）联盟申请国际联盟的成员身份，并在与加拿大的主权争议上呼吁此事（Ayana，1996）。当时，易洛魁联盟的倡议被认定为关于少数民族的国内事务，因而没有获得通过。然而土著代表不懈地与国际社会对话，最终获得了国际合法地位，提出的议题也得到了充分考虑。

国际劳工组织（ILO）于 1957 年通过的《第 107 号公约》，对拉丁美洲土著人民的劳工歧视报道给出了回应，是土著人介入国际事务的主要进步。尽管后来因专制而受到批评，公约还是考虑到殖民主义的问题背景，坚持表明土著人拥有居住地的所有权，剥夺土著人的土地应予以补偿。1989 年国际劳工组织的《第 169 号公约》，是当前关于土著人的具有约束力的国际法律文件，它由 21 个国家批准通过，其中 15 个是拉丁美洲国家。基于非歧视原则，《第 169 号公约》承认土著人的文化特殊性，容许他们以自由、优先、知情方式参与相关事务并真诚商议。

联合国人权委员会内部发生了争议，这导致了权威的"马丁内兹·科博报告"(UN，1983)。报告得出结论，对土著人权的尊重水平普遍较低，并且要求制定新的国际法律文件，这为 2007 年确定土著人享有自决权的《联合国土著人民权利宣言》奠定了基础。

伴随着这些进展，许多国家的土著人开始政治觉醒，尤其在适逢 20 世纪 80 年代民主浪潮的拉丁美洲。尽管存在许多不同之处，土著人与环境权、人权非政府组织一道创建了本国和国际政治网络，要求承认其权利。领土权和自治是这些权利中最敏感的问题，因为民主国家习惯将领土视为不可分割的整体。各个国家以不同方式回应土地问题，从彻底拒绝正变化为把土地权委托给社群的宪法模式。现在，土著人合法管理着世界上 11%的森林资源(Sobrevila，2008)。

重新审视资源治理的传统本地制度，可以发现这些权利的理论合理性。研究表明，除了市场和国家，一些本地制度能够实现自然资源的可持续发展，有时可以持续非常长的一段时间(Ostrom，1990)。本地制度瞬间开始盛行。整个研究领域从无到有，特别是自然保护领域，唤起了人们对试验的关注(见"保护和保育")，例如津巴布韦的"篝火计划"。

土著人和当地社群在环境治理中发挥着至关重要的作用。比如，世界最具多样性的生态区往往是土著人种类最多的地区。虽然自然保护区是公认的保护生物多样性的行之有效的机制，但被屡次证明，交由当地社群管理的自然保护区的保护效果特别好。土著人逐渐成为环境保护机制、水域和森林管理机制的关键主体(Brosius et al.，2005；Kothari et al.，2012)。

最后，基于现代科学的技术解决方案在某些领域已经达到其极限，因此农业、药理学、生态系统管理等领域的传统知识与实践日益受到重视。1993 年的《生物多样性公约》第 8 条正式承认土著人的作用。不言而喻，土著与当地社群通常能够深刻理解环境圈的复杂交互(见"盖亚理论")。土著人的专业知识对于农业生态学等领域尤为关键，联合国粮农组织(FAO)也认为这些知识将在未来的食品安全或适应气候变化领域发挥作用。

然而，尽管得到了这些来之不易的认可，土著人和当地社群依然脆弱。

在与现代社会的对峙中，他们通常是牺牲品。为了建立公园或堤坝、大豆和棕榈油种植地，他们继续被驱逐离开传统居住地。他们参与环境治理常常简化为出席自上而下项目的协调会。土著人对全球环境治理的潜在贡献还有待充分挖掘。

参考文献

Ayana, James. 1996. *Indigenous Peoples in International Law*. Oxford, Oxford University Press.

Brosius, J. Peter, Anna L. Tsing and Charles Zerner (Eds.). 2005. *Communities and Conservation*. Lanham, MD, Altamira Press.

Kothari, Ashish with Colleen Corrigan, Harry Jonas, Aurélie Neumann, and Holly Shrumm (Eds.). 2012. *Recognising and Supporting Territories and Areas Conserved by Indigenous Peoples and Local Communities: Global Overview and National Case Studies*, Technical Series no. 64. Montreal, Secretariat of the Convention on Biological Diversity.

Ostrom, Elinor. 1990. *Governing the Commons: The Evolution of Institutions for Collective Action*. Cambridge, Cambridge University Press.

Sobrevila, Claudia. 2008. *The Role of Indigenous Peoples in Biodiversity Conservation*. Washington, World Bank.

United Nations. 1983. *Study of the Problem of Discrimination against Indigenous Populations: Final Report*. New York, Ecosoc, Commission on Human Rights. E/CN.4/sub.2/1983/21.

有影响力的个人

鲍勃·赖纳尔达(Bob Reinalda)
内梅亨大学,荷兰

在社会历史中,个人或许因为他的批判性观点而变得很重要,但是他需要通过运动和组织来获得影响力。世界历史上有一些人不同凡响,因为他们及早察觉到某些危险。现代技术经常提高人们的预期,但是人们花费很长时间才能注意、想透技术的消极后果,例如城市烟雾的形成和杀虫剂DDT(双二氯苯基三氯乙烷)对水中野生生物的影响。物理学家哈里森·布朗(Harrison Brown)在《人类未来的挑战》(1954)中警告此类危险,生物学家雷切尔·卡森(Rachel Carson)在《寂静的春天》(1962)中亦如此。但是,当多数人忽视他们的警告时,早期的察觉并不意味着这些人会受到重视。个人想变得具有影响力,应当进一步阐述其批判性观点并且赢得社会支持。20世纪60年代,更多的年轻人和批判性科学家开始质疑关于自然能够承受任何人类负担的假定。加拿大记者罗伯特·亨特(Robert Hunter)来到美国计划进行核试验的阿拉斯加湾,经历了冒险旅行后,从报道者变为活动家,他创办了激进的非政府组织——国际绿色和平组织,还动身前往不为人知的大规模环境受侵害地区,通过新闻炒作使它们得到世界关注。1972年,德内拉(Donella)、丹尼斯·梅多斯(Dennis Meadows)和他们的麻省理工学院同事们为罗马俱乐部建立了自然资源使用模型,并宣称对自然资源的使用在一个世纪内将会到达“增长的极限”。

不断增强的环境意识也对联合国产生影响:召开斯德哥尔摩人类环境会议,于1972年创设联合国环境规划署(UNEP)。会议对私人环境组织而言具有里程碑意义,它鼓励不同环境组织进行多边外交。与前一阶段增强个人和非政府组织的意识不同,政府间组织使得建立、推广和执行国际标准(如1972年经济合作与发展组织的污染者付费原则)成为可能。在UNEP

的主管中,呈现出两种不同的领导风格。加拿大人莫里斯·斯特朗(Maurice Strong),斯德哥尔摩会议的秘书长,UNEP 的首任执行主任(1973—1975),1992 年里昂环境会议的秘书长,一名“创始人”型的领导者,具有开展业务的信心和能力。他发起 UNEP 区域海洋项目(1975 年地中海行动项目,1978 年执行),最后发展为一个海洋和峡湾地区项目。斯特朗的继任者,埃及微生物学家莫斯塔法·托尔巴(Mostafa Tolba),1976 年至 1992 年的 UNEP 执行主任,以其科学论证、与政治领袖坚持不懈的商榷以及与政府之间进行谈判的技能而知名。1987 年《蒙特利尔议定书》、作为《臭氧层框架公约》一部分的 1985 年《保护臭氧层维也纳公约》的通过,政府间气候变化专门委员会(IPCC, 1998)、永久性臭氧秘书处(1989)的建立,《控制危险废物越境转移及其处置的巴塞尔公约》(1989)的通过(Tolba, 1998),均彰显了托尔巴的领导力和执行力。1992 年,托尔巴在里昂通过其对学科的精通和外交技巧,成功地促成《生物多样性公约》和《气候变化框架公约》的谈判。奥兰·扬(1991)基于 Tolba 的作用,在其政治领袖的三种类型里提出“创业型领袖”概念(还有结构型与才智型领袖)。创业型领袖界定议题,制订双方都能接受的方案,在建立方案的支持时出面调解核心队员的利益。挪威人格罗·哈姆特·布伦特兰(Gro Harlem Brundtland)表现为产生新思维的“才智型领袖”。作为 1983 年联合国大会建立的世界环境和发展委员会的主席,她把政治经验、环境专业知识和才智型领袖结合起来,提出一个全新的政治概念,帮助解开数个死结,开辟了国际政治行动的新领域。世界环境和发展委员会 1987 年的报告《我们共同的未来》,即《布伦特兰报告》,呼吁制定战略,把环境保护与人类发展结合起来,通过可持续发展理念连接当前和未来的人类需求。

成功的个人领袖在官僚机构里表现得更加抽象。比尔曼和西本纳在他们的《全球变化的管理者》一书中认为,国际环境组织的秘书处(官僚机构)关心自身在国际关系中解决问题的潜力。具有重大任务和广泛资源的重要国际组织官僚机构,较之具有狭义任务和受限资源的环境协议的秘书处更具有影响力。但是两类机构均发挥知识中介、谈判促成和能力建设作用。知识中介通过改变知识信念体系,影响政治行动者的行为,它对机制的创建和有效性产生了重大影响。秘书长或资深员工的强领导不是自动产生的,而是取决于多种因素,诸如员工产生和拥有知识的能力,基于组织学习而形成的一系列普遍认同的基本假定。秘书长结合个人特质和能力,带来不同的领导风格,就像诸如斯特朗、托尔巴和布伦特兰的个性所展示的一样。强领导包括“迅速得到内部雇员和外部环境的接纳和认可，具有发展、沟通、实现愿景以及学习和改变惯性的能力”。由于强领导和组织绩效正相关，因而它将会增强国际秘书处的影响力，增强秘书处代表在国际政策制定和执行环节的影响力(Biermann and Siebenhüner，2009：58)。

政治活动家展示了媒体影响力。他们作为记者和纪录片制作人，利用媒体曝光提高环境关注度，例如海洋自然保护主义者和电影制作人雅克·库斯托(Jacques Cousteau)，法国纪录片制作人尼古拉斯·于洛(Nicolas Hulot)，加拿大动物学家和科普工作者大卫·铃木(David Suzuki)，澳大利亚“鳄鱼猎人”史蒂夫·欧文(Steve Irwin)和 BBC 自然历史节目制作人大卫·阿滕伯勒(David Attenborough)。美国前副总统阿尔·戈尔(Al Gore)制作了影片《难以忽视的真相》(2006)，从而与 IPCC 一同获得了 2007 年诺贝尔和平奖。肯尼亚政治活动家旺加里·马塔伊(Wangari Maathai)因对可持续发展、民主和和平做出了贡献，而成为首个获得诺贝尔和平奖的环境保护主义者(2004)。

参考文献

Biermann, Frank and Bernd Siebenhüner (Eds.). 2009. *Managers of Global Change: The Influence of International Environmental Bureaucracies*. Cambridge, MA, MIT Press.

Tolba, Mostafa K. 1998. *Global Environmental Diplomacy: Negotiating Environmental Agreements for the World, 1973–1992*. Cambridge, MA, MIT Press.

Young, Oran. 1991. “Political Leadership and Regime Formation: On the Development of Institutions in International Society.” *International Organization* 45(3): 281–308.

制 度 互 动

塞巴斯蒂安·奥伯瑟（Sebastian Oberthür）
布鲁塞尔自由大学，比利时
塞及·范德格拉夫（Thijs Van De Graaf）
根特大学，比利时

数十年里，环境领域内外的国际机制、私人机制与组织的数量呈指数级增长。结果，现在多数环境事务领域由多重制度共同治理。制度的数量激增导致了21世纪头十年的全球环境治理领域的“制度互动”研究的出现，即一个制度会对其他制度的发展或绩效产生影响（Oberthür and Stokke，2011）。这里就国际制度间的“水平交互”展开讨论（不涉及跨尺度的垂直交互）（Young，2002）。

制度互动的早期研究重点关注概念分类。例如，杨（1996）引入四类机制交互的比较：① 总体原则中的嵌入性（如主权）；② “嵌套”至更大的制度框架（如将《区域海洋公约》嵌套至《联合国海洋法公约》）；③ “集群”至制度包（南极条约体系里相关但不同的组成部分）；④ 框架公约间的“重叠”，通常以意想不到的方式（例如，《臭氧层框架公约》要求逐步淘汰氟氯烃，促使各缔约国转而寻找氟氯烃替代物，但《气候变化框架公约》却对某些氟氯烃替代物加以限制，因为某些氟氯烃替代物是高效的温室气体）。

基于概念基础，一些学者开始识别制度互动的驱动力和效果。他们的研究可以按照两个维度编排（Oberthür and Stokke，2011）。第一，系统研究战略与主体中心研究战略的基本区别。系统路径关注制度间的关系，因此利害关系的关键变量位于制度的宏观层面。《全球贸易框架公约》与多边环境协定的互动研究是这一路径的范例。相反，主体中心路径把主体既视为独立变量，也视为非独立变量，把其他变量置于制度的宏观层面。例如，劳斯特亚拉和维克托（Raustiala and Victor，2004）阐述当国家试图撼动国际规则时，如何有意识地制造不同植物基因资源治理制度间的不一致。

第二，学者可以把不同类型的制度背景视为研究单位。图谱的一端，通过检视影响的因果路径，探索两个制度间的二元关系（Oberthür and Gehring, 2006）。例如，可以研究《生物多样性公约》与世界贸易组织（WTO）的相互影响。而图谱的另一端，是更具整合主义的路径，探索更广阔的互动背景，包括数个二元关系和（或）数种制度（例如，世贸组织与一些或全部多边环境协定），一些背景被界定为“治理架构”（Biermann et al., 2009）或“制度群”，定义为“一系列针对某一特定事务领域的不存在隶属关系的却部分重叠的制度”（Raustiala and Victor, 2004）。通过研究若干组制度，可以让我们识别新属性，这些属性并非某个制度的内在属性，而是由交互关系所赋予的。例如，基奥恩和维克托（Keohane and Victor, 2011）研究了全球气候治理制度的范围，认为相较于一个包罗万象的公约，气候变化公约群更具灵活性与适应性。他们把制度结构上的分裂视为潜在问题，这一看法有别于他人。

近年来，这些对广阔互动背景的研究尤为突出，涵盖了系统方法与主体中心方法。作为系统方法的一个范例，约翰逊和乌尔佩莱宁认为负溢出促进了制度整合，而正溢出助长了制度分裂。当某一事务领域的合作破坏另一事务领域的目标实现时，就产生了负溢出（Johnson and Urpelainen, 2012）。采用主体中心方法，范德格拉夫（2013）认为，国际能源署（IEA）被化石燃料与核能利益俘虏，促成了国际可再生能源机构（IRENA）的建立。而国际可再生能源机构的建立则带来挑选法院的机会，令 IEA 对可再生能源利益相关者的观点与利益更具回应性。

制度互动与制度群的一个研究维度是其治理效果。虽然制度互动理论上可以产生协同、合作、中立或冲突、破坏后果（Oberthür and Gehring, 2006；Biermann et al., 2009），但多数研究关注冲突案例。当前盛行的假设是，WTO 通过“激冷”环境诱发的贸易相关义务的谈判，减少多边环境协定的有效性（Eckersley, 2004）。尽管如此，一个制度互动的大样本研究发现，绝对多数的交互案例产生协同效应，而其中四分之一的案例导致破坏性后果（Oberthür and Gehring, 2006：12）。关注存在社会问题的交互，固然是可以理解的。但当思考改进制度群和制度碎片的治理的备选方案时，应当特别考虑协同效应的重要性。

当提及有意识地解决和改进制度互动及其效果时，冠以“交互管理”的名义可以进一步推进关于治理方案的思考（Oberthür and Stokke, 2011）。

制度互动问题在某种程度上证明建立世界环境组织的请求是合理的，两者可以被视为相关争议。然而制度互动与对制度群的治理，包括治理的可能性与条件，仍然是一个重要且大有前景的研究领域。

参考文献

Biermann, Frank, Philipp Pattberg, Harro van Asselt, and Fariborz Zelli. 2009. "The Fragmentation of Global Governance Architectures: A Framework for Analysis." *Global Environmental Politics* 9(4): 14–40.

Eckersley, Robyn. 2004. "The Big Chill: The WTO and Multilateral Environmental Agreements." *Global Environmental Politics* 4(2): 24–50.

Johnson, Tana and Johannes Urpelainen. 2012. "A Strategic Theory of Regime Integration and Separation." *International Organization* 66(4): 645–677.

Keohane, Robert O. and David G. Victor. 2011. "The Regime Complex for Climate Change." *Perspectives on Politics* 9(1): 7–23.

Oberthür, Sebastian and Thomas Gehring (Eds.). 2006. *Institutional Interaction in Global Environmental Governance: Synergy and Conflict among International and EU Policies*. Cambridge, MA, MIT Press.

Oberthür, Sebastian and Olav Schram Stokke (Eds.). 2011. *Managing Institutional Complexity: Regime Interplay and Global Environmental Change*. Cambridge, MA, MIT Press.

Raustiala, Kal and David G. Victor. 2004. "The Regime Complex for Plant Genetic Resources." *International Organization* 58(2): 277–309.

Van de Graaf, Thijs. 2013. "Fragmentation in Global Energy Governance: Explaining the Creation of IRENA." *Global Environmental Politics* 13(3): 14–33.

Young, Oran R. 1996. "Institutional Linkages in International Society: Polar Perspectives." *Global Governance* 2(1): 1–23.

Young, Oran R. 2002. *The Institutional Dimensions of Environmental Change: Fit, Interplay, and Scale*. Cambridge, MA, MIT Press.

国际捕鲸委员会

斯坦纳·安德森（Steinar Andresen）
弗里乔夫·南森研究所，挪威

《国际管制捕鲸公约》(ICRW)的目标是保护和利用鲸类资源(见“保护和保育”)。公约附表是公约的组成部分之一，它的目的是令特定的保护管制具有可操作性。修订公约附表需要四分之三多数投票通过。

该公约于1946年缔结，1948年开始实施，国际捕鲸委员会(IWC)的第一次会议于1949年举办。随着时间推移，IWC发生了急剧变化，因而经历了三个不同阶段(Andresen, 2008)。在第一阶段，直至20世纪60年代中期，IWC实际上是一个“捕鲸者俱乐部”。这一阶段由于远洋捕鲸国家的短期经济利益占据主导地位，因而大多数的大型鲸类数量锐减。科学委员会的建议受到人们的质疑(见“科学”)，而且科学家无法量化总配额里的必要的减少。在第二阶段，采用了一个侧重于以保护为导向的方法，部分原因是出于更具共识、更先进的科学建议，但是主要原因是资源消耗令捕鲸者不可能完成他们的配额。多数南极捕鲸国家因此关停远洋捕鲸业务，这一阶段的末期，仅苏联和日本仍进行远洋捕鲸。IWC对所有国家开放，非捕鲸国家亦加入其中，这也导致了保护导向的方法(Andresen, 2000)。IWC第三阶段的特点是环境保护主义导向的方法。

为何IWC从一个保护组织变成一个环境保护主义实体？主要原因可能是一个强有力的反捕鲸规范在主要西方国家中迅速扩散(Friedheim, 2001)。作为积极的环境非政府组织运动的结果，杀鲸现在被视为不道德行为，少数几个仍允许捕鲸国家因捕鲸而蒙羞并受到谴责(Epstein, 2006)。绿色和平组织等非政府组织以及美国积极招募了新的反捕鲸国家(DeSombre, 2001)。占多数的反捕鲸国家力量强大，以至于1982年通过了暂停商业捕鲸的决议。根据这一决议，从1985年沿海捕鲸和1986年远洋捕鲸季节开始，禁止商业性捕鲸；1988年，终止了所有商业捕鲸，最主要的原因是美国的经济制裁和政治压力。但是，依然允许土著捕鲸，尽管这种捕鲸与小规模商业捕鲸区别不大。美国是一个主要的土著捕鲸国家。

那么，我们如何解释近期支持捕鲸的力量的恢复呢？反捕鲸者对此有简单的解释：日本在积极招募，它把吸纳新成员与后续的投票表决结合起来，即投票支持捕鲸的IWC新成员国将获得日本的经济帮助（Miller and Dolsak, 2007）。链接到其他国际论坛，也能解释反捕鲸情绪的相对回落（见"制度互动"），重要的是CITES对"有魅力的珍稀动物"如大象和大型鲸类的保护（Friedheim, 2001）。可持续利用而不是保护的观念开始普及，特别是在发展中国家，而且反捕鲸规范被近期的大量事实所破坏（Bailey, 2008）。虽然目前暂停捕鲸，而且在可预见的未来很有可能还将继续暂停，但是自从挪威和冰岛重启商业捕鲸，捕获量逐年上升。他们这么做的主要原因是对特定种类进行受限的商业捕鲸是对鲸类的可持续利用，这一说法已得到IWC科学委员会支持，但未得到IWC的认可。由于近期澳大利亚和海上牧羊人等非政府组织的活动家的强烈反对，日本因科学目的大量捕鲸的行为饱受争议。

参考文献

Andresen, Steinar. 2000. "The International Whaling Regime." In *Science and Politics in International Environmental Regimes: Between Integrity and Involvement*, Eds. Steinar Andersen, Tora Skodvin, Arild Underdal, and Jørgen Wettestad, 35–68. Manchester, Manchester University Press.

Andresen, Steinar. 2008. "The Volatile Nature of the International Whaling Commission: Power, Institutions and Norms." In *International Governance of Fisheries Ecosytems: Learning from the Past, Finding Solutions for the Future*, Eds. Michael G. Schechter, Nancy J. Leonard, and William W. Taylor, 173–189. Bethesda, American Fisheries Society.

Bailey, Jennifer. 2008. "Arrested Development: The Prohibition of Commercial Whaling as a Case of Failed Norm Change." *European Journal of International Relations* 14(2): 289–318.

DeSombre, Elisabeth. 2001. "Distorting Global Governance: Membership, Voting and the IWC." In *Toward a Sustainable Whaling Regime*, Ed. Robert Friedheim, 183–200. Seattle, WA, University of Washington Press.

Epstein, Charlotte. 2006. "The Making of Global Environmental Norms: Endangered Species Protection." *Global Environmental Politics* 6(2): 32–54.

Friedheim, Robert (Ed.) 2001. *Toward a Sustainable Whaling Regime*. Seattle, WA, University of Washington Press.

Miller, Andrew and Nives Dolšak. 2007. "Issue Linkage in International Environmental Policy: The International Whaling Commission and Japanese Development Aid." *Global Environmental Politics* 7(1): 69–96.

正　　义

凯蒂娅·弗拉基米罗娃（Katia Vladimirova）
国际社会科学自由大学，意大利
布鲁塞尔自由大学，比利时

环境正义是指与工业国家的环境重负、环境风险的不均衡分布相关的社会运动，是关注环境问题的正义理论（Dryzek，1977）。本文审视环境正义的第二种解释以及全球环境相关的各种正义问题。

环境退化引发多重难题，这些难题相应地提出了许多伦理问题：稀缺环境资源的冲突和自然环境的变化引起暴力和歧视，制造大量环境移民。全球环境正义和全球正义、消灭贫困、可持续发展、南北争论紧密相连，在某种程度上包括它们中的一些伦理问题（例如，随着20世纪80年代可持续发展概念的出现，平等发展权问题日益受到重视）。最不发达国家利用当地自然资源的“不可持续”发展模式遭到新范式的质疑，导致可供这些国家选择的发展方案相当有限。对南半球进行管制，而北半球维持甚至增加消费，是可持续发展理念背后的众多伦理困境之一。另一些例子包括但并不限于对保护自然资源与消耗自然资源之间的权衡、经济发展与土著人和当地社群传统生活方式之间的权衡。我们可以根据国家行动和责任对全球环境正义进行解读，也可以在个人和组织层面对其进行解读。

从道德角度看，气候变化的例子非常特别和复杂。气候正义，作为更宽泛的环境正义概念的一部分，通常用空间术语来解释。它指的是富裕国家的道德义务，富裕国家应对当前大气层流向贫穷国家的温室气体负责，因为温室气体是由第一集团引起的气候变化导致的消极后果，而贫穷国家却最易受温室气体影响。这些伦理问题体现在共同却有区别的责任原则和《气候变化框架公约》。这些义务源于过去的排放，环境正义的坚定拥护者提出疑问，发达国家是否应当为未识别出行为有害后果前的排放（历史排放）承担责任。在联合国政府间气候变化专门委员会发布第一次报告前，无知可以成为一个强有力的道德辩护理由。但自从 1990 年世界最权威的气候变化科学报告确认这些行为的有害影响后，无知就不能再作为一个借口了。

环境正义的另一个重要维度与它对代际或者时间的解读有关(Gardiner，2011)。当代的行为将对未来的人类生活产生重要影响：生物多样性损失、森林砍伐、土地沙漠化、海洋倾废、核废料倾倒和气候变化，将会把留给后代居住的地球变成另一副模样。接下来的逻辑问题就是：我们应该为后代提供到什么程度，环境正义的指导原则是什么。经济学家试图采用贴现率来回答问题，然而这些看上去中性的指标事实上却基于价值判断(Stern，2012)，这一事实对环境问题里的经济预测可靠性提出了挑战(见“批判政治经济学”)。此外，我们应进一步拓展道德理论来指导我们针对后代的行为，特别当需要牺牲当代人的利益时。但是，某些当代和后代之间的权衡取舍却是空想。例如，在哲学家、律师、经济学家和实务工作者之间已达成广泛共识：当代弱势群体的需求优先于后代的利益，可持续发展应当同时满足当代和后代的需求。

在很多人心目中，环境正义是一个人类中心主义的概念，它主要关注人与人之间的关系。然而就像贾米森一针见血指出的那样，环境正义也应包含人类对全球环境的道德义务，其中包括野生动物、植物、物种、种群或生态系统(Jamieson，1994)(见“生态中心主义”)。

参考文献

Dryzek, John. 1977. *The Politics of the Earth*. Oxford, Oxford University Press.

Gardiner, Stephen. 2011. *A Perfect Moral Storm: The Ethical Tragedy of Climate Change*. Oxford, Oxford University Press.

Jamieson, Dale. 1994. "Global Environmental Justice." In *Philosophy and the Natural Environment*, Eds. Robin Attfield and Andrew Belsey, 199–210. Cambridge: Cambridge University Press.

Stern, Nicholas. 2012. *Ethics, Equity and the Economics of Climate Change*. Center for Climate Change Economics and Policy, Working Paper No. 97; Grantham Research Institute on Climate Change and the Environment, Working Paper No. 84.

（环境）库兹涅茨曲线

大卫·I.斯特恩（David I. Stern）
澳大利亚国立大学，澳大利亚

环境库兹涅茨曲线（EKC）假定多个环境影响指标与人均收入存在倒U形关系。在经济增长早期阶段，对环境造成的影响和污染加剧，但当经济水平超过某一人均收入水平后，经济增长导致环境改善。EKC的名字来自收入不均等与经济发展之间的库兹涅茨曲线，两个曲线呈现相似的变化关系。格罗斯曼和克鲁格在分析北美自由贸易协定的潜在环境影响时，首次引入EKC概念（Grossman and Krueger, 1991）。EKC也在1992年世界银行《世界发展报告》里占据重要地位，自此在政策圈和学术圈盛行起来。EKC被视为可持续发展的经验形态，因为EKC认为发展中国家为了减少环境退化需要变得富裕。

但是，EKC是一个备受争议的观点，它宣称的经济证据并不是非常稳健的（Stern, 2004）。发达国家因为富裕，在环境质量的某些维度得到改进，这是一个不容置疑的事实。自20世纪中期开始，城市空气和河流变得更加干净清洁，一些国家的森林面积扩大了。但是全球环境的人类负担继续加重，发达国家对气候变化等全球问题的贡献并没有减少。近些年，仅有少数几个欧洲国家的二氧化碳排放量下降。因此，经济发展最终减少环境退化，这一论断看上去并不是普遍正确的。也有证据表明，新兴国家采取行动来降低严重污染（Stern, 2004）。20世纪70年代早期，随着污染迅速加剧，日本减少了二氧化硫排放，而当时日本收入仍位于发达国家线下（Stern, 2005），中国在近几年也采取行动以减少硫排放（Lu et al., 2010）。

或者，虽然经济活动的尺度增强了环境影响，但是根据著名的IPAT公式（影响＝人口数量×富裕程度×技术），技术进步能够减少这些本地和全球范围内的影响。在不考虑收入水平的条件下，对于经济增长缓慢的发达国家而言,如果全国范围内产生了技术进步,环境影响将会随时间减少(Brock and Taylor, 2010);新兴国家的经济增速超过技术进步的速度,从而致使环境影响增加。某些污染物明显的 EKC 也许是高收入水平上的低经济增长的结果,而不是收入增加的结果,需要通过进一步的研究来确定增长速度和收入水平的各自作用。

参考文献

Brock, William A. and M. Scott Taylor. 2010. "The Green Solow Model." *Journal of Economic Growth* 15: 127–153.

Grossman, Gene M. and Alan B. Krueger. 1991. *Environmental Impacts of a North American Free Trade Agreement*, National Bureau of Economic Research Working Paper 3914. Cambridge, NBER.

Lu, Zifeng, David G. Streets, Qiang Zhang, Siwen Wang, Gregory R. Carmichael, Yafang F. Cheng, Chao Wei, Mian Chin, Thomas Diehl, and Qian Tan. 2010. "Sulfur Dioxide Emissions in China and Sulfur Trends in East Asia Since 2000." *Atmospheric Chemistry and Physics* 10: 6311–6331.

Stern, David I. 2004. "The Rise and Fall of the Environmental Kuznets Curve." *World Development* 32(8): 1419–1439.

Stern, David I. 2005. "Beyond the Environmental Kuznets Curve: Diffusion of Sulfur-Emissions-Abating Technology." *Journal of Environment and Development* 14(1): 101–124.

标签和认证

本杰明·卡索尔(Benjamin Cashore)
耶鲁大学,美国

格雷姆·奥尔德(Graeme Auld)
卡尔顿大学,加拿大

斯特凡·伦肯斯(Stefan Renckens)
耶鲁大学,美国

标签和认证计划是一种私人机制和企业社会责任(CSR)工具,它向负责的商业协会和企业提出标准,为参与者提供市场利益,例如提高价格,从而解决全球供应链里的环境和社会问题。非政府组织,如企业、商业协会或者合作伙伴,制订了这些计划。有机农业和公平贸易认证分别出现于20世纪70年代和80年代(Raynolds et al., 2007);自森林委员会于1993年成立后,这一治理形式被推广到渔业、旅游业和服装业等多个部门。

标签和认证计划有别于CSR的其他倡议,主要体现在以下两个方面:① 国家主体通常不指导标准设立过程,不使用国家权威强制服从标准;② 计划的存续和权威依靠供应链上的市场主体的支持(Cashore, 2002)。多数计划给认证产品贴上标签,其遵守有赖于第三方认证。

学者主要使用两种方式来解释认证程序的出现。一些学者指出,解决生产者和消费者的信息不对称的迫切需求导致认证出现,他们认为认证计划是提高商业的美誉度的一种手段(Potoski and Prakash, 2009)。其他学者关注政府(政府间)监管失败领域的认证,以及公共部门和私人部门围绕着全球新规则的权力斗争(Bartley, 2007)(见“批判政治经济学”)。

根据自由环境主义的总体规范,一些人把这些计划视为解决新自由主义全球化的负外部性,提供如环境可持续性等全球公共物品的潜在方法(Ruggie, 2004);其他人认为,标签和认证计划是继续资本主义不可持续性生产和消费的工具(Lipschutz, 2005)。批评还集中于认证的分配结果,包括认证的代价昂贵,可以充当非关税贸易壁垒,有利于较大的生产商和纵向一体化企业(Pattberg, 2006)。认证计划的主要困境是在最小化其对可持续性的影响时,如何确保广泛参与。设立高标准可以解决可持续性问题,但是高标准难以遵约和执行,从而限制计划的总体影响。

由于意识到上述限制,因而近期研究关注私人和公共规则的交互作用,试图解释交互作用对治理的影响机制,以及这些交互作用对于有效性的意义。交互作用对治理产生的影响可以是积极的、中性的或消极的,并且可以随着时间发生变化。除去双边交互作用,越来越多的研究开始审视复杂制度环境中的认证,为了有效实现全球治理,可能需要协调公共和私人规则的制度互动(Abbott and Snidal, 2009)。

参考文献

Abbott, Kenneth W. and Duncan Snidal. 2009. "Strengthening International Regulation through Transnational New Governance: Overcoming the Orchestration Deficit." *Vanderbilt Journal of Transnational Law* 42, 501–578.

Bartley, Tim. 2007. "Institutional Emergence in an Era of Globalization: The Rise of Transnational Private Regulation of Labor and Environmental Conditions." *American Journal of Sociology* 113(2): 297–351.

Cashore, Benjamin. 2002. "Legitimacy and the Privatization of Environmental Governance: How Non-State Market-Driven (NSMD) Governance Systems Gain Rule-Making Authority." *Governance* 15(4): 503–529.

Lipschutz, Ronnie. 2005. "Environmental Regulation, Certification and Corporate Standards: A Critique." In *Handbook of Global Environmental Politics*, Ed. Peter Dauvergne, 218–232. Cheltenham/Northampton, Edward Elgar.

Pattberg, Philipp. 2006. "Private Governance and the South: Lessons from Global Forest Politics." *Third World Quarterly* 27(4): 579–593.

Potoski, Matthew and Aseem Prakash. 2009. "A Club Theory Approach to Voluntary Programs." In *Voluntary Programs: A Club Theory Perspective*, Eds. Matthew Potoski and Aseem Prakash, 17–39. Cambridge, MA, MIT Press.

Raynolds, Laura T., Douglas Murray, and Andrew Heller. 2007. "Regulating Sustainability in the Coffee Sector: A Comparative Analysis of Third-Party Environmental and Social Certification Initiatives." *Agriculture and Human Values* 24(2): 147–163.

Ruggie, John Gerard. 2004. "Reconstituting the Global Public Domain—Issues, Actors, and Practices." *European Journal of International Relations* 10(4): 499–531.

海洋法公约

杰伊·埃利斯（Jaye Ellis）
麦吉尔大学，加拿大

《海洋法公约》(UNCLOS)于1982年缔结，从1994年开始实施，是一个准宪法条约，它把海洋空间区分为特定海域，并确定空间内国家和其他主体的权利、能力与责任。它的实质性环保规定非常笼统；如果想获得更具体的规则和标准，应该求助于法律、政策文本、惯例法和国际组织的网络。

最重要的问题之一是适用和执行法律的管辖权问题。公海问题最具挑战性，它是无主物，可以被视为全球公共物品(Rothwell and Stephens, 2010)。公海自由航行，意味着没有任何国家具有管辖权，公海航行之船只仅受船旗国管辖是《海洋法公约》的基本特征(Warner, 2009)。

《海洋法公约》最为关注的环境问题是污染问题，包括船舶污染、陆地来源污染和大气污染(Baesdow and Magnus, 2007; de la Rue and Anderson, 2009)、深海采矿带来的环境影响以及渔业(见“渔业治理”)。另两个重要的环境问题是噪声污染和海洋保护区问题。

《海洋法公约》的整体架构没有防止海洋法律和海洋治理的碎片化，受到管辖、部门和地域边界的影响，带来潜在的制度互动问题。这给海洋环境保护带来困难：不同海域的相互影响和环境退化的各种驱动因素，均未得到充分解决。大型海域生态系统管理是试图解决这一弱点的海洋治理办法(Wang, 2004)。“大型海域生态系统管理”概念没有出现在《海洋法公约》里，但这个方法与《海洋法公约》的架构和目标是相容的。在渔业保护和管理领域已经感受到它的影响(见“保护和保育”)，《南极海洋生物资源公约》中的《鱼类种群协定》对UNCLOS中有关主权国家海域与公海的跨界管理可以做出详细规定。

参考文献

Basedow, Jürgen and Ulrich Magnus. 2007. *Pollution of the Sea: Prevention and Compensation*. Berlin, Springer.

de la Rue, Colin and Charles B. Anderson. 2009. *Shipping and the Environment: Law and Practice*. London, Informa.

Drankier, Petra. 2012. "Marine Protected Areas in Areas beyond National Jurisdiction." *International Journal of Marine and Coastal Law* 27(2): 291–350.

Rothwell, Donald and Tim Stephens. 2010. *The International Law of the Sea*. Oxford, Hart Publishing.

Wang, Hanling. 2004. "Ecosystem Management and its Application to Large Marine Ecosystems: Science, Law, and Politics." *Ocean Development and International Law* 35(1): 41–74.

Warner, Robin. 2009. *Protecting the Oceans beyond National Jurisdiction: Strengthening the International Framework*. Leiden and Boston, Martinus Nijhoff.

最不发达国家

亚历山德拉·霍弗(Alexandra Hofer)
布鲁塞尔自由大学,比利时

1971年联合国大会上,联合国为了对所描述的“国际社会里最穷最弱的部分”给予支持时,提出“最不发达国家”(LDCs)的概念(2001: 3)。这个国家团体目前包括34个非洲国家、14个亚洲国家和美洲的海地。联合国使用13条标准来识别最不发达国家,所有标准均与低收入、匮乏的人文资源、经济脆弱性相关。其中有3条标准与环境和自然资源相关:农业产量低、营养不良、自然灾害。

最不发达国家的环境问题,通常需要从环境对国家经济的影响方面进行考虑。因为LDCs的民生依赖农业,而且自然灾害会对其经济造成重创,所以它们最易受到环境退化的影响。从2010年海地摧毁性地震、2011年东非严重干旱以及由此造成的饥荒的例子便知一二。

一些环境条约已经意识到了LDCs的脆弱性。《气候变化框架公约》十分重视LDCs,在资金支持和技术转移时,其中的第4.9条强调“最不发达国家的具体需要和特殊情况”。《生物多样性公约》《持久性有机污染物公约》《防治荒漠化公约》均采用了类似规定[例如,分别见这几份文件的20.5条、12.5条和3(d)条]。

为了执行《气候变化框架公约》的有关规定,缔约方会议于2001年提出了一个最不发达国家工作计划,即为了执行和资助有效的国家适应计划,建立最不发达国家基金和最不发达国家专家组(Williams, 2005: 65)。其他环境机构为了对LDCs采取适当措施,也应用类似的专家组。有时候,LDCs受益于具体的资助项目,得到了谈判能力和自身利益的提升。例如,最不发达国家得到欧洲能力建设倡议组织的帮助,目标是帮助它们克服结构性障碍,提高其在《气候变化框架公约》中的谈判技能。LDCs在气候谈判里获得的另一个为人所熟知的支持是知名、强大的非政府组织加入它们的代表团，例如 FIELD 和绿色和平组织加入小岛屿 LDCs 代表团（Newell，2006：13）。

因为成功谈判要求重要的经济资源和人力资源，而多数 LDCs 恰恰资源匮乏（Kasa et al.，2008）。为了协调行动，LDCs 组建了最不发达国家集团的谈判联盟。为了协调利益和策略，这一集团组织与其他谈判集团的双边会议，特别是非洲集团和小岛屿国家联盟（AOSIS）就适应问题的气候进行谈判。最不发达国家根据国家利害加入不同的谈判联盟（Betzold et al.，2011：3）。这是因为最不发达国家内部存在显著差异。例如，图瓦卢、瓦努阿图等小岛国，不会与非洲内陆国家一直保持利益一致。最终，小岛屿 LDCs 在气候谈判里经常通过小岛屿国家联盟，而非洲 LDCs 则是非洲集团谈判者中的一部分。

LDCs 对谈判产生的影响通常不大。然而小岛屿国家联盟是一个例外。它令小岛国 LDCs 在气候变化谈判方面非常具有影响力，尽管各国地理条件存在差异而且力量有限，但使用脆弱性话语以及采取与强国合作的策略，小岛国作为集团获得在《气候变化框架公约》谈判中的特别席位，正如贝佐德所指出的，“这是除了联合国区域集团外，第一次为一个集团特别保留席位，有助于 AOSIS 影响整个谈判协商”（2011：139）。

遭受陆地恶化问题困扰的非洲 LDCs 在形成《防治荒漠化公约》的过程中，通过更广泛的联盟，也取得了一些相对的成功。《防治荒漠化公约》是一个有趣的个案，因为“它由发展中国家呼吁建立”（Najam，2004：130）。尽管如此，《防治荒漠化公约》也暴露出 LDCs 联盟的脆弱性。事实上，欧盟决定与 77 国集团谈判荒漠化协议（欧盟起初反对），作为国际《森林协议》（77 国集团起初反对）的交换。这个提议造成了拥有热带雨林的最不发达国家（其中许多国家反对《森林协议》）和没有热带雨林的最不发达国家之间的隔阂，然而拥有热带雨林的 LDCs 不得不接受 77 国集团的提议（Najam，2004）。

参考文献

Betzold, Carola. 2010. "'Borrowing Power' to Influence International Negotiations: AOSIS in the Climate Change Regime, 1990–1997." *Politics* 30(3): 131–148.

Betzold Carola, Paula Castro, and Florian Weiler. 2011. "AOSIS in the UNFCCC Negotiation: From Unity to Fragmentation?" *CIS Working Paper* 72: 1–32.

Kasa Sjur, Anne T. Gullberg, and Gørild Heggelund. 2008. "The Group of 77 in the International Climate Negotiations: Recent Developments and Future Directions." *International Environmental Agreements* 8(2): 113–127.

Najam, Adil. 2004. "Dynamics of the Southern Collective: Developing Countries in Desertification Negotiations." *Global Environmental Politics* 4(3): 128–154.

Newell, Peter. 2006. *Climate for Change.* Cambridge, Cambridge University Press

United Nations General Assembly. 2001. "Programme of Action for the Least Developed Countries for the Decade 2001–2010." *Conference on the Least Developed Countries,* A/CONF.191/11.

Williams, Marc. 2005. "The Third World and Global Environmental Negotiations: Interests, Institutions and Ideas." *Global Environmental Politics* 5(3): 48–69.

责　任

西米·R.佩恩（Cymie R. Payne）
罗格斯大学，美国

环境责任是为环境损害提供救济的法律责任。可能导致环境责任的活动包括空气污染、土壤污染、水污染及其对军事冲突的影响，释放转基因生物，以及气候变化行为。为了防止环境受到破坏，国家、个人和其他实体基于国际机制、国际惯例法、国内法，承担共同义务（见"预先行动原则"）。这些义务可能也应由整个国际社会（这些义务被称为"普遍适用"）、土著人和当地社群，或子孙后代来承担。承担环境责任必须具备三个要件：防止或避免损害的义务；责任人一方的行为和损害之间的因果关系；损害的救济。处罚包括经济赔偿、恢复原状和刑事处罚（见"国际法委员会"，2001）。环境责任可以预防损害、提供问责依据、分配损害成本，确保环境恢复。当个体的理性决策耗尽、损害某自然资源时（见"公地悲剧"），法律责任和资源私有化是可选择的管理策略（Sands and Peel，2012）。

特雷尔冶炼厂仲裁是国际法责任制度的典型案例。在特雷尔冶炼厂仲裁中，裁定加拿大的特雷尔镇上的冶炼厂造成的空气污染对美国果树造成损害并要求进行赔偿（见"跨界空气污染框架公约"）；而国际油污损害赔偿基金（IOPC Funds），作为环境责任管理机构，它处理民事责任公约审理范围内的石油泄漏问题。这些案例体现了污染者付费原则（Fitzmaurice，2007）。

反对把责任当作环境治理方法的批评家们，观察到证明因果关系和归因的程序障碍通常不可逾越，责任机制存在漏洞。一些法律制度通过保险或经济赔偿限制，控制事件对优势产业造成的经济后果，这种做法降低了责任的预防和恢复作用。对跨国商业和企业的处罚，因为多种原因而作用有限，比如受外国投资条约保护的外国投资协议条款（Wolfrum et al.，2005；

Faure and Ying，2008）。

应追究环境责任的损害包括损害监管的成本、从损害发生到恢复期间丧失的资源使用价值。环境责任的适用对象从木材和旅游等市场价值资源，扩展到不在市场交易的“纯”环境（或生态）资源，如野生动物、生态系统或其他公共环境资源和文化遗产（Bowman and Boyle，2002）。联合国赔偿委员会的环境索赔，首次把大规模国际诉讼的重大裁决建立在上述理论和评估方法的基础上（Payne and Sand，2011）。

这一概念与保护全球公共物品如公海、生态功能和生物多样性等尤其相关，在这些情况下，公共利益由公共受托人保护。美国法律普遍接受公共受托人的概念，在其他管辖区域里更加常见。政府界定公共受托人的作用，当公共利益受到损害时，公共受托人有义务使用经济赔偿作为补偿，联合国赔偿委员会为此创建了后续计划（Payne and Sand，2011）。

这些问题给新的责任理论带来了挑战。气候变化责任索赔带来因果关系问题，这将令法律系统不堪重负，因为在现代生活里引起环境变化的行为如此普遍。商业性转基因生物的伤害后果也许需要经历很长时间才会出现，补偿也许是不充分的，归因可能很困难。土著人和当地社群基于生存生活方式提出的文化损害索赔，继续受到司法的拒绝和排斥。到目前为止，为了子孙后代和自然利益的索赔很大程度上是象征性的（Anton and Shelton，2011）（见“生态中心主义”和“正义”）。

参考文献

Anton, Donald K. and Dinah L. Shelton. 2011. *Environmental Protection and Human Rights*. New York, Cambridge University Press.

Bowman, Michael and Alan Boyle. 2002. *Environmental Damage in International and Comparative Law: Problems of Definition and Valuation*. New York, Oxford University Press.

Faure, Michael and Song Ying (Eds.). 2008. *China and International Environmental Liability*. Cheltenham, Edward Elgar.

Fitzmaurice, Malgosia. 2007. “International Responsibility and Liability.” In *The Oxford Handbook of International Environmental Law*, Eds. Daniel Bodansky, Jutt Brunnée, and Ellen Hey, 1010–1035. New York, Oxford University Press.

International Law Commission. 2001. “Report of the International Law Commission on the Work of its 53rd Session.” *Yearbook of the International Law Commission*, 2001, vol. II, Part Two, as corrected, UN Doc A/56/10.

Payne, Cymie R. and Peter H. Sand. 2011. *Gulf War Reparations and the UN Compensation Commission: Environmental Liability*. New York, Oxford University Press.

Sands, Philippe and Jacqueline Peel. 2012. *Principles of International Environmental Law*. Cambridge, Cambridge University Press.

Wolfrum, Rüdiger, Christine Langenfeld, and Petra Minnerop. 2005. *Environmental Liability in International Law—Towards a Coherent Conception*. Berlin, Erich Schmidt Verlag GmbH and Co.

自由环境主义

史蒂文·博斯坦（Steven Berstein）
多伦多大学，加拿大

自由环境主义描述全球治理中规范的妥协，在促进和维持自由经济秩序的基础上进行国际环境保护(Bernstein, 2001)。环境治理规范定义了政策主体和政治社区如何理解正当目的，政治行动应指向何种方法，这些对于解决世界范围内最严重的环境问题有着重要意义。

自由环境主义反映了历史上受政策理念交互影响的南北谈判，以及不断演进的国际政治经济的结构性特征。这种表述与纽厄尔和帕特森(Paterson)基于批判政治经济学的看法存在一些区别，由经济关系结构授权的经济主体和经济利益(如当代的金融资本)，把全球环境政治实践驶入新自由主义方向。但是所有文献都指出一些类似的结果："自由环境主义"关注政策实践的规范以及弹性、竞争和发展的政治。

20世纪60年代末70年代初，人们对全球大规模环境问题的回应，聚焦于不受管制的工业发展带来的消极环境后果、经济增长的质疑和全球意识，但是自由环境主义却有别于此。1987年，布伦特兰委员会的可持续发展的盛行，作为联结环境和发展的方式，标志着一个关键拐点。这种表述形式允诺在一个指导原则下整合环境、经济和社会需求，部分解决了发展中国家的精英长期顾虑的问题，即对环境的关注将甚于对经济增长、消除贫困和进入富裕国家市场的关注。然而布伦特兰在定义可持续发展时，对代际公平和人类需求的关注["发展在满足当代人需求的同时，不应牺牲子孙后代的利益"(WCED, 1987: 43)]，事后被证实，其影响力不及全球环境行动应基于自由经济增长的观点。

同时，北半球的政策制定者通过经济镜头日益审视自身的环境政策，并在不扰乱经济要务的条件下寻求解决环境问题的方法。政策趋势被一些人定义为生态现代化，尤其关注如何通过污染者付费原则实现环境成本内在化，如何推广可交易的排放许可证(见“市场”)等市场机制来解决环境问题。1992年里约热内卢联合国环境和发展大会，综合了这些思路(见“峰会外交”)。会议认为，贸易金融的自由化应与国际环境保护方向保持一致，并把这一观点落实在制度上。这为随后席卷南北的新的经济正统，即促进开发市场、放松规制、公私合作以实现政策目标，奠定了合法性基础。

虽然1992年《里约环境与发展宣言》(简称《里约宣言》)包括一系列规范(Bernstein, 2001)，但是自由环境主义的特点是对可持续发展的整体解读，《里约宣言》第12条原则表达得最为清晰：“各国应当进行合作，以促进一个支持性的和开放的国际经济体系，它将为所有国家带来经济增长和可持续发展，更好地解决环境退化问题。”联合国体系、布雷顿森林体系和世界贸易组织的规范性文件体现了这一解读。例如，1994年世界贸易组织关于贸易与环境的部长宣言赞许地引用《里约宣言》第12条原则，并讲道：“任何政策矛盾……不应存在于坚持与捍卫一个开放、非歧视和公平的多边贸易体系……与环境保护行动，与促进可持续发展之间……”

2002年可持续发展世界峰会提出公私伙伴关系以实现可持续发展，更加强化自由环境主义，之后联合国可持续发展委员会将这一实践制度化。伙伴关系将在联合国可持续发展高水平政治论坛(于2013年取代可持续发展委员会的工作)和2015年后的发展议程中继续发挥显著作用(Bernstein, 2013)。

自由环境主义的规范体现在大量气候变化(Newll and Paterson, 2010)等事务领域的政策和实践中，例如气候变化治理特有的试验形式[特别是碳市场的规模、植树造林项目(Humphreys, 2006)和流域治理项目(Conca, 2005)呈爆发式增长，其中碳市场]大都涌现在《气候变化框架公约》之外(Hoffmann, 2011)。

虽然环境自由主义为全球政策的环境保护主流创建了必要的政治空间，但从长远来看，它导致了制度和权威的碎片化，以及环境目标从属于经济原则的地位。它依然保持弹性，尽管环境问题治理的争论还在继续。带来2012年“里约+20”会议的最新一轮可持续发展全球谈判，再次确认1992年《里约宣言》，反映出不就规范进行谈判的普遍共识。

但是这个共识掩盖了正在进行的关于规范的意义和如何实施的争论(见“遵约和执行”)。争论仍在继续，例如发达国家和发展中国家的共同但有区别的责任(《里约宣言》第7条)，这是少数几个限制自由环境主义的规范之一。还有污染者付费原则,它意味着成本内在化,发达国家需要为它们的历史污染"付费"。此外,"里约+20"尝试引入"绿色经济"概念(谈判将其重新定义为"在可持续发展和消除贫穷的背景下的绿色经济")强调关于可持续发展的实践意义的尖锐分歧。发展中国家政府和利益相关者也重新开始怀疑,绿色经济的概念令政策过于倾斜于如下方面:环境、"绿色"工作和以消除贫困为代价的投资、更广泛就业的目标和技术转让或发展优先权。虽然妥协令自由环境主义更具适应性,但争论表明,自由环境主义仍然承受重压。有限的行动也意味着,自由环境主义难以生成有效政策,这是其刻意掩盖区别而不是面对或解决问题的政治共识所致的通病。

参考文献

Bernstein, Steven. 2001. *The Compromise of Liberal Environmentalism*. New York, Columbia University Press.

Bernstein, Steven. 2013. "The Role and Place of a High-Level Political Forum in Strengthening the Global Institutional Framework for Sustainable Development." Consultant's report for the UN Department of Economic and Social Affairs. Available at http://sustainabledevelopment.un.org.

Conca, Ken. 2005. *Governing Water: Contentious Transnational Politics and Global Institution Building*. Cambridge, MA, MIT Press.

Hoffmann, Matthew J. 2011. *Climate Governance at the Crossroads: Experimenting with a Global Response after Kyoto*. New York, Oxford University Press.

Humphreys, David. 2006. *Logjam: Deforestation and the Crisis of Global Governance*. London and Sterling, VA, Earthscan.

Newell, Peter and Matthew Paterson. 2010. "The Politics of the Carbon Economy." In *The Politics of Climate Change: A Survey*, Ed. Maxwell T. Boykoff, 80–99. New York: Routledge.

市　场

马修·帕特森（Matthew Paterson）
渥太华大学，加拿大

近几十年，随着“市场”这一政策工具的创建，环境政策和治理见证了诸多创新。市场运转的基础是与环境问题相关的权利和信用，它们可以在特定领域进行交易。市场自20世纪70年代在美国启动，20世纪90年代起开始扩张，尤其是《气候变化框架公约》领域。

自20世纪60年代起，环境经济学家开始对“环境市场”进行概念界定，他们认为，相较于传统的监管方法，市场能以更低的成本实现环境控制。政府作用将简化为设定环境政策的总体目标，被定义为“环境外部性内在化”的任务——外部性指的是特定行为的影响不包含在它的市场价格里。

通过征税，或者制造引起环境损害的权利稀缺性，可以直接实现这些成本的内部化。环境市场产生于后一策略。罗纳德·科斯（Ronald Coase，1960）首次提出，外部性问题最好被理解为一个不完全产权问题，分配权利就是外部成本内部化的最好办法。戴尔斯（Dales，1968）展开论点以讨论建立排放交易系统来管理环境问题（完整历史见 Gorman and Solomon，2002）。

在排放交易系统，由权威来分配排放污染权利或者特定环境资源的使用权利，然后允许权利主体与所有其他主体进行权利交易。在一个具体的时间框架内，每个许可证持有人必须持有与他们环境污染相当的许可。这里的逻辑就是，尽管所有经济主体都有动力减少环境污染，那些发现减排的代价相对便宜的污染者为了从采购过多的许可中获利，将会致力于更积极地减少排放；而那些发现减排代价相对昂贵的污染者将能够购买这些剩余许可，而不是降低污染。因此，系统既为减少污染产品的消费，也为替代技术的研发和投资提供了动力机制。

20 世纪 70 年代和 80 年代，出现了若干试验，特别是逐步淘汰含铅汽油和氟氯烃的计划(Gormon and Solomon, 2002: 294)。最著名的试验是美国《1990 年〈清洁空气法〉修正案》，它建立了一个二氧化硫排放的交易系统。最近，湿地(Robertson, 2004;Swyngedow, 2007)生态系统服务支付建立了环境市场。核心概念的创新也非常重要，尤其是补偿理念。用补偿代替排放权利分配，污染者被允许(或被迫)为了赔付他们的污染行为而投资别处的项目。

然而迄今为止，最大的环境市场化项目是碳排放市场。早在关于气候变化的讨论中就提出了碳排放市场(Grubb, 1989)，但直到 20 世纪 90 年代末期才得以实现。

1997 年签署的《京都议定书》，建立了三个市场机制：一个是排放交易系统，通过把发达国家的减少排放义务转变为一系列交易许可，被称为分配数量单位。另外两个是补偿市场，A 国在 B 国的减少排放投资，可以用来抵消 A 国的自身排放。联合履约机制包括发达国家间的投资，但是清洁发展机制(CDM)包括发达国家在发展中国家的投资。

《京都议定书》之后，出现了许多排放交易系统，有国家层面的，也有区域治理层面的，例如欧盟，也有一些私人部门的内部计划(Bestill and Hoffmann, 2011)。在其他一些地方，这些碳排放交易系统处于不同的发展阶段。

欧盟排放交易系统(EU ETS)依旧是最大的市场。关于它对排放的影响一直存在争议，一些人相信它导致排放减少，另一些人认为它危险地背离真相。EU ETS 是主要补偿市场 CDM 的重要驱动力。欧盟允许在 EU ETS 监管下的企业从 CDM 购买碳信用额，从而履行碳排放交易系统的义务。多数投资开始投向新兴国家，比如印度。

环境市场，尤其是碳市场，一直饱受批评。大气全球公共物品商品化的基本理念受到多种批评，例如“气候欺诈”“碳殖民主义”(Lohmann, 2006)。

虽然有批评者指出，碳市场解决气候变化或其他环境问题的有效性值得商榷，碳市场出现了诸多问题，但是碳市场确实在政策世界受到追捧，因为它们对商业和企业主体产生了经济吸引力。尽管招致这些批评，但碳市场继续在全球扩张，其市场逻辑将会扩展到环境治理的其他领域。

参考文献

Betsill, Michele and Matthew J. Hoffmann. 2011. "The Contours of 'Cap and Trade': The Evolution of Emissions Trading Systems for Greenhouse Gases." *Review of Policy Research* 28(1): 83–106.

Coase, Ronald. 1960. "The Problem of Social Cost." *Journal of Law and Economics* 3(1): 1–44.

Dales, John H. 1968. *Pollution, Property and Prices*. Toronto, University of Toronto Press.

Gorman, Hugh S. and Barry D. Solomon. 2002. "The Origins and Practice of Emissions Trading." *Journal of Policy History* 14(3): 293–320.

Grubb, Michael. 1989. *The Greenhouse Effect: Negotiating Targets*. London, Royal Institute of International Affairs.

Lohmann, Larry. 2006. "Carbon Trading: A Critical Conversation on Climate Change, Privatization and Power." *Development Dialogue* (48): 1–356.

Newell, Peter and Matthew Paterson. 2010. *Climate Capitalism: Global Warming and the Transformation of the Global Economy*. Cambridge, Cambridge University Press.

Robertson, Morgan M. 2004. "The Neoliberalization of Ecosystem Services: Wetland Mitigation Banking and Problems in Environmental Governance." *Geoforum* 35(3): 361–373.

Swyngedouw, Erik. 2007. "Dispossessing H_2O: The Contested Terrain of Water Privatization." In *Neoliberal Environments: False Promises and Unnatural Consequences*, Eds. Nik Heynen, James McCarthy, Scott Prudham, and P. Robbins, 51–62. London, Routledge.

移　民

弗朗索瓦·热曼(Francois Gemenne)
列日大学,比利时;凡尔赛大学,法国

纵观历史,环境变化一直是人类迁移的主要驱动力。环境灾害和渐进变化,如气候变化,导致大量的人口移动,重塑地球上的人口分布版图。但直至20世纪中叶,学者和政策制定者大都关注人口迁移的经济和政治驱动力,却忽视了重要的环境驱动力。然而在近几十年,大量的人口迁移被看作气候变化的最严重后果,环境退化越来越被视为人口迁移的主要驱动力。久而久之,迁移在气候变化的论述和陈述中发挥作用,移民是全球变暖的首批见证者和幸存者,常常被描述为"气候变化的人类面孔"。然而,这一认知经常与环境迁移的经验现实相矛盾。

环境迁移的界定在文献里仍存在争议。20世纪70年代末,环境学者创造了这个概念:与非政府组织和世界观察研究所等智库一样,他们最初把环境迁移描述为一种新的特别的迁移类别,气候变化的不可避免的副产品。但是迁移研究学者,首次坚持迁移的多因果关系,认为把环境因素孤立于其他迁移驱动力是不可能的(Kibreab, 1997)。现在,通常认为环境移民是:个人或群体由于突然的或者渐进的环境变化,对生命或生存条件产生不利影响,因而不得不离开或者选择离开居住地,暂时或永久迁移至国内其他地方或者国外(International Organization for Migration, 2007)。

环境移民的数量估计极其困难,部分原因是大多数人没有跨境,因而没有计入统计数据库。2008年至2012年,大约142 000 000人因为自然灾害而迁移(IDMC,2013)。这个数字仍没有包括这些因为慢性变化而迁移的移民,这些人的数量在现在已经几乎不可能估计(Gmenne, 2011b)。作为气候变化的结果,环境退化对于迁移动力学的重要性很可能在未来得到显著提升。

“环境移民”概念包括多种多样的环境变化和迁移模式。能导致迁移的主要的环境退化包括洪水、地震、干旱、暴雪和飓风，也包括慢性变化如海平面上升、荒漠化或森林砍伐。大型发展或保护项目，如堤坝和自然保护区，有时也涵盖其中。这些恶化导致多种形式的迁移，需要不同的政策回应。实证研究显示，大部分迁移路程较短，经常为各国境内(Foresight，2011)。与常见假定相反，移民通常不是最弱势群体。那些被困于环境变化却无法迁移的群体才是最弱势群体，因为无法获得能令其迁居到更安全地方的资源、网络和信息(Foresight，2011)。大部分迁移发生在最不发达国家，特别是南亚、东南亚和撒哈拉以南非洲，发达国家也曾经历迁徙，例如由美国南部的卡特里娜飓风、日本的福岛灾难引起的大规模人口迁移。

环境迁移尚未在国际法里得到充分解决。1951年定义了难民身份的《日内瓦公约》，并没有考虑到环境因素，因此“环境避难”乃用词不当。虽然一些学者最初赞成一个能为环境移民确立难民身份的新条约，但是多数学者认为这一解决方案是不充分和不现实的，现在应首选其他应对政策(McAdam，2011)。比如，南森倡议，一个旨在为这些因灾害而跨境的移民寻求全球保护议程的政府间协商过程。保护议程不是具有约束力的条约，而是一系列在咨询不同政府的基础上详述的原则和推荐。区域治理对策已经在推行，尤其在亚太最受环境迁移影响的地区(亚洲发展银行，2012)。国际法的空白也意味着，没有一个联合国机构被授命去帮助因环境变化而迁移的移民，虽然不同组织和机构，例如联合国难民署(UNHCR)、国际移民组织(IOM)或红十字会，定期进行人道主义干预和(或)政策项目。

许多人把《气候变化框架公约》的相关谈判作为设计应对政策的合适平台。虽然环境迁移最初被视为无法适应气候变化的最终解决办法，但是现在越来越被视为一个可行的适应策略(Black et al.，2011)。最后，学者已经驳斥了关于迁移是安全威胁的观点(Gemenne，2011a)。

参考文献

Asian Development Bank. 2012. *Addressing Climate Change and Migration in Asia and the Pacific.* Manila, ADB.

Black, Richard, Stephen R.G. Bennett, Sandy M. Thomas, and John R. Beddington. 2011. “Climate Change: Migration as Adaptation.” *Nature* (478): 447–449.

Foresight. 2011. *Migration and Global Environmental Change.* Final Project Report. London, Government Office for Science.

Gemenne, François. 2011a. "How They Became the Human Face of Climate Change: Research and Policy Interactions in the Birth of the 'Environmental Migration' Concept." In *Migration and Climate Change*, Eds. Etienne Piguet, Antoine Pécoud, and Paul de Guchteneire, 225–259. Cambridge and Paris, Cambridge University Press/UNESCO.

Gemenne, François. 2011b. "Why the Numbers don't Add up: A Review of Estimates and Predictions of People Displaced by Environmental Changes." *Global Environmental Change* 21(S1): 41–49.

International Displacement Monitoring Centre (IDMC). 2013. *Global Estimates 2012: People Displaced by Natural Hazard-Induced Disasters.* Geneva, Internal Displacement Monitoring Centre.

International Organization for Migration (IOM). 2007. *Discussion Note: Migration and the Environment.* Geneva, International Organization for Migration, MC/INF/288.

Kibreab, Gaim. 1997. "Environmental Causes and Impact of Refugee Movements: A Critique of the Current Debate." *Disasters* 21(1): 20–38.

McAdam, Jane. 2011. "Swimming against the Tide: Why a Climate Change Displacement Treaty is Not the Answer." *International Journal of Refugee Law* 23(1): 2–27.

军事冲突

玛雅·杰根(Maya Jegen)
魁北克大学蒙特利尔分校,加拿大

在战争史上,环境退化的例子比比皆是。第一次世界大战期间,欧洲军队使用芥子气污染战壕周围的空气;在越南,美国喷射除草剂“橙剂”导致森林树木落叶,从而令游击队员暴露和挨饿(Zierler, 2011)。1991年,伊拉克为了阻止美国陆军登陆,把原油泄漏到波斯湾,造成海洋生态系统的严重破坏,导致渔业生产萎缩,并威胁到了水处理厂和饮用水资源(Caggiano, 1993)。

军事冲突对环境的影响可以是有意的,也可以是无意的。因敌对军事目的而操纵环境,或者说,把环境当作战略工具使用时,就发生了国际破坏或环境战争。阿瑟·H.威斯汀(Arthur H. Westing, 2013: 84)是战争的环境影响领域的主要思想家之一。他指出,希腊神话和《圣经》就已有关于战争的环境影响的描述:“古希腊人嫉妒宙斯投掷雷电的能力。据说摩西能够控制红海,他以这种方式来淹死追捕以色列人的埃及军队。”

尽管是假想,环境战争最极端的场景可能就是“核冬天”。根据萨根和特科(Sagan and Turco, 1993)的观点,全球核冲突通过爆炸、大火和发射性尘埃,不仅能破坏物理环境,也会降低温度、破坏人类活动,从而对地球气候产生负面影响(Gleditsch, 1998)。以生态中心主义来看,这就是“生态灭绝”(Drumbl, 1998)。

但是武装力量经常无意识地引起环境破坏,环境是附带损害的牺牲者。例如,1999年北约轰炸石油化工厂,表面上是切断塞尔维亚军队的燃料供给,实际上却把有毒化学物质泄漏至空气和水路,导致近代史上量级最大、毒性最大的灾害。

可以观察到,减轻军事冲突对环境的影响存在两个趋势。第一,规范意识的谨慎出现,例如联合国1976年的《环境改变公约》,限制作为战争方式而改变环境；于1977年通过的《日内瓦公约》第一附加议定书，其中有两项关于限制国际性武装冲突里的环境破坏的规定（Schmitt，2000：88）。1982年《世界自然宪章》的第五条也同样坚持："应确保自然不受战争或其他敌对行为导致的退化影响。"第二，一些武装力量，比如北约，开始在管理实践中整合环境评估（保护危险物品、处置污水或减少能源消耗）。

尽管环境稀缺性和冲突之间的因果关系仍旧存在争议，但战争引发环境退化这一观点不容置疑。国际破坏显而易见，但其引发的附带损害难以评估和减轻。

参考文献

Caggiano, Mark J.T. 1993. "Legitimacy of Environmental Destructions in Modern Warfare: Customary Substance over Conventional Form." *Boston College Environmental Affairs Law Review* 20(3): 479–506.

Drumbl, Mark A. 1998. "Waging War against the World: The Need to Move from War Crimes to Environmental Crimes." *Fordham International Law Journal* 22(1): 122–153.

Gleditsch, Nils Petter. 1998. "Armed Conflict and the Environment: A Critique of the Literature." *Journal of Peace Research* 35(3): 381–400.

Sagan, Carl, and Richard P. Turco. 1993. "Nuclear Winter in the Post-Cold War Era." *Journal of Peace Research* 30(4): 369–373.

Schmitt, Michael N. 2000. "War and the Environment: Fault Lines in the Prescriptive Landscapes." In *The Environmental Consequences of War*, Eds. Jay E. Austin and Carl E. Bruch, 87–136. Cambridge, Cambridge University Press.

Schwabach, Aaron. 2000. "Environmental Damage Resulting from the NATO Military Action against Yugoslavia." *Columbia Journal Environmental Law* 25(1): 117–140.

Westing, Arthur H. 2013. *Arthur H. Westing: Pioneer on the Environmental Impact of War*. Heidelberg, Springer.

Zierler, David. 2011. *The Invention of Ecocide: Agent Orange, Vietnam, and the Scientists Who Changed the Way We Think about the Environment*. Athens, University of Georgia Press.

谈 判 联 盟

帕梅拉·查斯克（Pamela Chasek）
曼哈顿学院，美国

联盟是指为了某一具体目的而联合起来的一组国家。联盟增强了国家的相对力量(代表多个国家的立场)，相较于代表一个国家的立场，能够获得更多权重(Wagner et al.，2012)。联盟也通过减少发言人数量，创建了简化条约谈判的程序。一个国家发表建设性意见的能力基于代表团的规模、谈判者的技巧和影响力，这些在加入联盟后都能得到提升(Gupta，2000)。

组建联盟的时候，谈判者必须首先意识到存在需要重视的一个或多个议题。联盟成功或有效的程度大部分取决于联盟类型(多数者或少数者联盟，一般或具体议题)、目标的性质和精度。联盟可以争取最优或者几乎满意的协定，也可以寻求剥夺联盟成员不希望的具体条款、条件或规则的结果(Dupont，1996)。谈判议题决定了联盟的立场或成员。根据协定内容(如禁止化学品协定)，目标可以是一般的(如国际会议后的一个满意措辞的决议或决定)，也可以是具体的。联盟有效性受到议价能力、谈判中的联盟作用、联盟规模、领导力、一致性、组织和策略的影响(Dupont，1996)。

在环境谈判中，联盟通常基于发展水平、地缘政治利益或社会经济利益。1964 年第一届联合国贸易和发展会议后形成的 77 国集团(G77)，现在包括 130 余个发展中国家，是最大的联盟。自 20 世纪 90 年代初，发展中国家呼吁环境援助、技术转让和能力建设以助于执行多边环境协定(MEAs)(Chasek and Rajamani，2002)。G77 坚持气候变化的历史责任在于发达国家，根据共同但有区别的责任原则，发达国家应承担解决问题的主要责任。

然而发展中国家间的差异往往是明显的。定义国家的共同利益越来越困难。在气候变化谈判中，G77 因截然不同的国家利益和要务而分崩离析(Barnett，2008)。利益谱系的一端是小岛屿国家联盟(AOSIS)，由于海平面上升将会破坏领土或令所有或部分领土不可居住，因而 AOSIS 对气候变化尤其敏感。而谱系的另一端是石油输出国组织（OPEC）成员，将因为防止气候变化的举措失去可观收入。

近些年，出现了许多发展中国家的亚联盟。一些是一般联盟，关注许多议题。例如，最不发达国家关心能否充分考虑到它们的发展需求。区域治理集团的成员的很多议题也通常以联盟形式发言，特别是非洲集团、阿拉伯集团、拉丁美洲和加勒比集团。一些联盟关注更具体议题，例如超级生物多样性国家同盟（巴西、哥伦比亚、哥斯达黎加、印度、印度尼西亚、肯尼亚、菲律宾、秘鲁、南非和委内瑞拉等），旨在推动与保护和保育相关的利益和要务。

除了 AOSIS 和 OPEC，在《气候变化框架公约》的谈判中还成立了大量联盟。例如拉丁美洲和加勒比海地区独立协会（哥伦比亚、哥斯达黎加、智利、秘鲁、危地马拉和巴拿马，在多米尼加共和国的支持下），决定不再期待富裕国家的减排或经济支持，并且发起野心勃勃的低碳发展计划（Roberts and Edwards, 2012）。BASIC 集团（巴西、南非、印度和中国）成立于 2009 年 11 月（Olsson et al., 2010），在哥本哈根协议谈判中发挥了作用。美洲玻利瓦尔联盟（ALBA：玻利瓦尔、委内瑞拉、厄瓜多尔、尼加拉瓜、古巴）在许多议题上奉行强硬路线，包括反对使用市场机制来控制碳排放，要求发达国家 7%的国内生产总值应作为气候变化基金（Wagner et al., 2012）。内陆山区发展中国家（亚美尼亚、吉尔吉斯斯坦、塔吉克斯坦）关注内陆山区发展中国家所面临的运输成本和食品安全问题。

在气候变化谈判中，还有两个关注具体问题的发达国家联盟。一个是非欧盟的发达国家组成的松散联盟“伞形集团”，通常由澳大利亚、日本、新西兰、挪威、俄联邦、乌克兰和美国组成。联盟工作以确保气候协议不包含与它们能源和经济利益相悖的语言，通常一致坚持发展中国家应与发达国家一起承担量化减排责任。另一个是环境完整性集团，包括墨西哥、列支敦士登、摩纳哥、韩国和瑞士。这一非欧盟发达国家组建的联盟希望维持《气候变化框架公约》的完整性，寻求一个比伞形集团的倡议更具渐进性的方法。

也存在许多发达国家联盟。最大的发达国家联盟是区域性的——欧盟。与大多数联盟不同，EU 作为一个区域经济整合组织，是许多 MEAs 的权利方，而且成员国受到法律约束。28 个成员国在环境谈判时，通常用同一个声音说话。

第二个发达国家一般联盟成立于 1995 年，是日本和美国开始与 CANZ 集团（加拿大、澳大利亚和新西兰）磋商时所成立的 JUSCANZ 集团

(Newell，1997)。瑞士、挪威和其他非欧盟 OECD(冰岛、安道尔、韩国、列支敦士登、墨西哥、圣马力诺、土耳其和以色列)也偶尔与这一集团磋商，通常被称为非欧盟发达国家集团(JUSSCANNZ)，表示超过最初五国的更大范围的参与。联盟经常在多种环境谈判中寻求与欧盟的力量平衡。

在大型联盟和小型联盟中的多重成员身份可以获得更大的杠杆效应：聚焦议题的小型联盟有助于界定、表达和保护成员的共享利益，如内陆山区发展中国家的特定需求；大型联盟，比如 G77，可以借由谈判中更大规模的联盟，获得更普遍的支持和更大的影响力。此外，多重成员身份有时会导致利益冲突，如 AOSIS 关心气候变化，G77(AOSIS 的全部成员国均在其中)受更具影响力的国家支配，而这些国家正在保护化石燃料经济。

参考文献

Barnett, Jon. 2008. "The Worst of Friends: OPEC and G-77 in the Climate Regime." *Global Environmental Politics* 8(4): 1–8.

Chasek, Pamela and Lavanya Rajamani. 2002. "Steps toward Enhanced Parity: Negotiating Capacity and Strategies of Developing Countries." In *Providing Global Public Goods: Managing Globalization*, Ed. Inge Kaul, 245–262. New York, Oxford University Press.

Dupont, Christoph. *1996*. "Negotiation as Coalition Building." *International Negotiation* 1(1): 47–64.

Gupta, Joyeeta. 2000. *On Behalf of My Delegation, . . . A Survival Guide for Developing Country Climate Negotiators*. Washington, Center for Sustainable Development in the Americas.

Newell, Peter. 1997. "A Changing Landscape of Diplomatic Conflict: The Politics of Climate Change Post-Rio." In *The Way Forward: Beyond Agenda 21*, Ed. Felix Dodds, 37–46. London, Earthscan.

Olsson, Marie, Aaron Atteridge, Karl Hallding, and Joakim Hellberg. 2010. *Together Alone? Brazil, South Africa, India, China (BASIC) and the Climate Change Conundrum*. Stockholm, Stockholm Environment Institute Policy Brief.

Roberts, Timmons and Guy Edwards. 2012. "A New Latin American Climate Negotiating Group: The Greenest Shoots in the Doha Desert." *UpFront* www.brookings.edu/blogs/up-front/posts/2012/12/12-latin-america-climate-roberts.

Wagner, Lynn M., Reem Hajjar, and Asheline Appleton. 2012. "Global Alliances to Strange Bedfellows: The Ebb and Flow of Negotiating Coalitions." In *The Roads from Rio: Lessons Learned from Twenty Years of Multilateral Environmental Negotiations*, Eds. Pamela Chasek and Lynn Wagner, 85–105. New York, RFF Press.

非政府组织

米歇尔·M.贝斯特尔(Michele M. Bestsill)
科罗拉多州立大学,美国

非政府组织(NGOs)是全球环境政治中的重要力量。例如,在峰会外交领域,超过900个NGOs参与了2012年联合国可持续发展大会。全球环境治理的学者使用"NGO"概念来表述独立于政府,并且致力于提供全球公共物品的更宽泛的正式非营利组织(Betsill and Corell, 2008)。当明确地把政党、暴力倡导组织、商业和企业排除在外后,代表特定产业部门的非营利协会就处在灰色地带。它们的运行有别于国家,不(正式)代表政府利益,积极参与讨论公共议题,但是它们却被认为在追求私人目标,而不是公共目标。NGO种类繁多(Alcock, 2008);它们工作于社会和政治组织的各个层次,或者跨越不同层次(通常与其他NGO形成联盟或网络),关注广泛的议题,从事从研究到项目游说的各种活动。全球环境治理学者通常把NGO的特定政策倡导作用和全球治理作用区别开来。

20世纪90年代,NGOs成为全球环境治理研究的热点,一定程度上是受到以下四点的推动,1992年它们在联合国环境与发展大会的可见度、全球政治中非国家主体作用的讨论、国家—社会关系的变化特性和规范理念的重要性(Wapner, 1996; Raustiala, 1997)。全球治理学者认为,非国家主体(NGO)代表一种新的权威形式,为解决全球问题提供了可选公共空间。现在,NGO被视为解决全球环境问题的有价值的合作伙伴,尤其在对民族国家能力提出挑战的全球化进程领域。

许多NGO倡导特定政策或实践(Betsill and Corell, 2008; Newell, 2008)。它们往往把国家作为批评对象,或者是在环境条约谈判、国际经济机构之类的多边论坛上,或者是通过国内渠道。在国际层面,NGO经常直接与政府互动,通过在国家代表团任职,或者作为观察员参与谈判。当这些直接渠道受阻时(或作为这些活动的补充),NGO参加公众抗议或者令公共意识运动蒙羞,借助公众和媒体向政府施压。NGO也通过消费者抵制和股东积极维权,来攻击跨国公司(Wapner, 1996; Newell, 2008)。专业的知识和技能以及道德呼吁是NGO倡议工作影响力的关键来源(见"科学")。它们的目标是否能达成,取决于NGO战略、资源和倡议的制度背景(Betsill and Corell, 2008)。即使它们不能实现既定目标,NGO的倡议也可能促成全球环境治理规范和理念的变革(Wapner, 1996)。

NGOs愈来愈被视为全球环境管理者。国家通常把某些特定治理职能授权给NGOs,比如监督、报告或能力建设,并且NGOs(往往与其他主体一同)也参与建立全球环境治理的私人机制,比如标签和认证体系与公私合作伙伴关系(Pattberg, 2005;Bernstein and Cashore, 2007)。这里提出一个问题,如何把NGOs视为权威主体?与理所当然的政府权威不同,NGOs必须不断地诉诸道德论证和专业知识、技能,从而向治理对象证明自己权威的正当性。

在理论上,NGOs有助于带来"更优"的决策和更好的环境结果。它们拥有处理复杂全球环境问题的知识技能,通过代表各种利益主体,赋予决策过程以合法性,使得遵约和执行更具可能性(Bernstein and Cashore, 2007; Betsill and Corell, 2008)(见"参与")。在实践中,关于知识主张的政治争论和(或)谁的观点、利益被(或不被)代表的回答,影响NGO参与和结果之间的关系。

诚然,NGOs令全球环境治理更具民主性。在治理形式创新方面,NGOs为理性争论和说服开创了可选空间,如全球协商民主。它们提升了参与民主,为更加广泛的利益相关者提供发言权,否则其在决策过程的利益可能不被代表。NGO参与、监督和报告活动有助于决策者考虑到相关公众(Bäckstrand, 2006;Newell, 2008)。NGO再一次因为其民主特性而易于招致批评。虽然NGOs宣称代表边缘人群的利益,但是上述人群是否是自己决定的代理人?他们又是如何决定的?如果NGO项目对社区生计产生负面影响,是否存在追索权?这给提高NGOs的审议、参与和责任提出了战略要求。

一些批判学者认为,NGOs通过增强新自由主义经济秩序来保持环境退化,从而质疑"非政府组织是全球环境治理的积极力量"这一前提假设(Duffy, 2006)。NGOs通过促成向市场主导而非国家主导的环境治理形式的转变,再现了这一主流意识形态,并服务于全球精英的利益。相应地,这使得弱小的发展中国家难以对其自然资源行使主权。从这个角度看，NGOs必须成为全球变革的反霸权力量。

参考文献

Alcock, Frank. 2008. "Conflicts and Coalitions Within and Across the ENGO Community." *Global Environmental Politics* 8(4): 66–91.

Bäckstrand, Karin. 2006. "Democratizing Global Environmental Governance? Stakeholder Democracy after the World Summit on Sustainable Development." *European Journal of International Relations* 12(4): 467–498.

Bernstein, Steven and Benjamin Cashore. 2007. "Can Non-State Global Governance be Legitimate? An Analytical Framework." *Regulation and Governance* 1(4): 347–371.

Betsill, Michele M. and Elisabeth Corell (Eds.). 2008. *NGO Diplomacy: The Influence of Non-governmental Organizations in International Environmental Negotiations.* Cambridge, MA, MIT Press.

Duffy, Rosaleen. 2006. "Non-governmental Organisations and Governance States: The Impact of Transnational Environmental Management Networks in Madagascar." *Environmental Politics* 15(5): 731–749.

Newell, Peter. 2008. "Civil Society, Corporate Accountability and the Politics of Climate Change." *Global Environmental Politics* 8(3): 122–153.

Pattberg, Philipp. 2005. "The Institutionalization of Private Governance: How Business and Nonprofit Organizations Agree on Transnational Rules." *Governance* 18(4): 589–610.

Raustiala, Kal. 1997. "States, NGOs, and International Environmental Institutions." *International Studies Quarterly* 41(4): 719–740.

Wapner, Paul. 1996. *Environmental Activism and World Civic Politics.* Albany, NY, SUNY Press.

非 制 度

拉多斯拉夫·S.迪米特洛夫（Radoslav S. Dimitrov）
西部大学，加拿大

非制度通常被定义为“未达成多边协定的跨国公共政策领域”（Dinitrov et al.，2007：231）。这个宽泛概念适应不同的知识传统，可以多种方式操作化。简单来说，非制度是没有达成条约的问题领域。现在，没有关于打击森林砍伐和珊瑚礁退化的多边政策协定（Dimitrov，2006）；联合国机构对生物燃料生产不予监管（Lima and Gupta，2013）；政府讨论北极霾问题却从不尝试谈判正式对策（Wilkening，2011）。虽然大多数环境条约谈判成功，但关于这些突出问题的谈判失败是一个有趣却容易理解的事情。

识别非制度的实例并不是一件简单的事，这需要精确的定义和观测。实例的数量可能极其多，比如国家在噪声污染或街道垃圾方面不合作。除非理论导致了创建制度的期待，非制度才会变得令人费解，仅当存在共赢的可能和有利条件时才涉及非制度，如大国影响力、公民社会压力或交易成本效益。

从这个角度看，有必要区分公共非制度和私人非制度。大多数公开研究采用国家中心方法，关注国家间正式协定的缺失（Dimitrov，2006；Wilkening，2011）。相应地，跨国公司或非政府组织就某一问题未达成倡议，就构成了私人非制度（见“私人机制”）。

根据谈判记录可以区分非制度的实例。在某些情况下，谈判已经开展并最终失败；在其他情况下，谈判从未开始，例如北极霾和珊瑚礁退化没有触发政策协调的讨论（Dimitrov，2002；Wilkening，2011）。此外，全球森林政策在 1990 年至 2000 年间进行艰苦谈判，最终却没有订立公约（Davenport，2005；Dimitrov，2006）。第二种类型的实例难以识别。

在什么情况下，我们可以把一个实例认定为非制度，而不是建设过程中的制度？谈判有时会持续数十年，而且多年后仍僵持不下。即使在某一特定时间点上，结果也可能不清晰。自 2007 年以来，关于 2012 年后《气候变化框架公约》的政策谈判一直在激烈进行并屡遭失败。最终，2011 年在《京都议定书》延期的条件下就自愿减排达成一致，提出 2020 年后创设全球协定的新任务——没有法律保障，也具有法律约束力。这一安排是制度还是非制度？学者也许不同意弱政策协定构成非制度，一小群非制度研究人员把无效制度视为制度，但是尚未形成定论。

调查尚未发生的实例的尝试即刻引发了一个问题：如何研究不存在的事务？这一任务倒没有看上去那么具有挑战性。非制度的特点是包括公众话语、国家层面的决策制定、多边磋商和偶尔正式谈判的政治社会过程。这一过程，可以或多或少地沿用成功形成制度的研究方法。虽然结果使得例子变得有趣，但是我们真正考察的是过程，因此我们可以使用探索制度的相同方法来研究非制度(Dimitrov et al., 2007)。

非制度研究的基本问题涉及制度与非制度的理论对称性。制度理论是否可以用来解释非制度？接受对称性概念意味着一个综合理论必须既能解释制度创立的失败，也能解释制度创立的成功。在方法论角度上，这也需要对制度和非制度案例进行结构化比较(Young and Osherenko, 1993; Dimitro, 2006)。考察负面案例也可以检验制度理论，帮助建立关于集体行动的更充分的理论解释。

或者，没有一种理论能够同时解释正、反两种结果，因此非制度研究也可以带来全新原创的制度解释。例如，私人机制的出现可以解释国家制度的缺位。随着各种主体寻求填补国家不愿意或没能力协调的空白领域，私人机制开始为大量国际问题提供解决对策。私人治理的日益盛行和明显有效为政府回避州际体制提供了有力依据。

因此，即使不考虑理论意义，非制度研究也有利于实践。它能识别谈判障碍，并提供急需的政策建议。

参考文献

Davenport, Deborah. 2005. "An Alternative Explanation of the Failure of the UNCED Forestry Negotiations." *Global Environmental Politics* 5(1): 105–130.

Dimitrov, Radoslav S. 2002. "Confronting Nonregimes: Science and International Coral Reef Policy." *Journal of Environment and Development* 11(1): 53–78.

Dimitrov, Radoslav S. 2006. *Science and International Environmental Policy: Regimes and Nonregimes in Global Governance.* Lanham, MD, Rowman & Littlefield.

Dimitrov, Radoslav S., Detlef Sprinz, Gerald DiGiusto, and Alexander Kelle. 2007. "International Nonregimes: A Research Agenda." *International Studies Review* 9(2): 230–258.

Lima, Mairon G. Bastos and Joyeeta Gupta. 2013. "The Policy Context of Biofuels: A Case of Non-Governance at the Global Level?" *Global Environmental Politics* 13(2): 46–64.

Wilkening, Kenneth. 2011. "Science and International Environmental Nonregimes: The Case of Arctic Haze." *Review of Policy Research* 28(2): 125–148.

Young, Oran R. and Gail Osherenko (Eds.). 1993. *Polar Politics: Creating International Environmental Regimes.* Ithaca, NY, Cornell University Press.

臭氧层保护体系

大卫·L.唐尼(David L. Downie)
费尔菲尔德大学,美国

保护平流层臭氧的国际机制是最为有效的全球环境政策案例之一。自然产生的臭氧有助于保护地球免受太阳的有害紫外线辐射影响。而破坏“臭氧层”会带来灾难性后果:臭氧的大量消耗会导致皮肤癌和白内障的发病率急剧上升,免疫系统的功能减弱,伤害多种动植物,破坏粮食作物和生态系统。

20世纪70年代早期,科学家发现,氯氟烃(CFCs)释放氯到平流层,然后破坏臭氧(Molina and Rowland, 1974)。氯氟烃在世界范围内具有多方面的用途,主要作为制冷剂应用于空调和冰箱领域,被认为完全没有危害。后续研究揭示了其他化学品会对臭氧层造成损害,包括:哈隆类物质,作为灭火剂广泛使用;溴甲烷,一种廉价的有毒农药;含氢氯氟烃(HCFCs),氯氟烃的替代品,对臭氧的损害较小。

尽管联合国环境规划署治理委员会在20世纪70年代末发起初步讨论,但是直到1982年,欧洲共同体的主要国家就寻求框架公约达成一致后,才开始进行正式的国际谈判。因而1985年的《保护臭氧层维也纳公约》要求在监管和保护方面的国际合作,但既未明确监管行动,也未提及氯氟烃。

南极洲臭氧层空洞的发现,成功地令领头国家认为有必要就控制议定书进行谈判,尽管缺少确凿的证据证明臭氧层空洞与氯氟烃之间的关系(见“科学”)。新谈判带来了具有里程碑意义的1987年的《蒙特利尔议定书》,它是全球臭氧政策的核心。

《蒙特利尔议定书》规定了法定要求,发达国家减少五种最广泛应用的CFCs的生产和使用,冻结三种哈隆类物质的生产。发展中国家必须采取相同的行动，但在10年的宽限期内允许其为了经济发展而使用CFCs。《蒙特利尔议定书》也包含重要的预先设定的报告要求，不得与非缔约国进行受控物质贸易的禁令，以及评估协议有效性和加强控制的程序，其中包括科学、环境影响和技术评价工作组的阶段性报告。通过标准化的修正程序，新增化学品或对《蒙特利尔议定书》做出其他修改，待正式批准后方可生效。尽管如此，协议也允许缔约方会议（MOP）无须经过协议修订，直接调整列入名单的化学品。这种调整立即生效，不用等待费时的批准程序。自1987年，缔约方利用上述机制，增强了《蒙特利尔议定书》对于臭氧层相关的最新科研成果，可以消耗臭氧层物质的潜在替代品的回应性。《蒙特利尔议定书》于1990年、1992年、1995年、1997年、1999年、2007年做出重要修正和调整。今天，议定书要求缔约方消除一切已知的消耗臭氧层物质的生产和使用。不同的化学品有不同的淘汰时间表。豁免权允许缔约方在限定的时间期限内使用少量物质。广泛和颇具争议的豁免权允许出于农业用途而继续使用溴甲烷。

《蒙特利尔议定书》于1990年通过了一个历史性修正案，该修正案要求发达国家负有向发展中国家提供技术和财政援助的义务，以帮助它们转用不消耗臭氧层的化学品和履行其他框架公约的义务。多边基金已在近150个国家支出近30亿美元用以支持能力建设、技术援助、技术转让、培训和产业改造项目。发展中国家的不同的淘汰时间表和多边基金的创立，明确承认了共同但有区别的责任。1990年伦敦修正案也创立了前所未有的不遵守情事程序，通过该程序对不遵守的国家情况进行了解，以促使这些国家更好地实施《蒙特利尔议定书》所确定的义务，为MOP提供下一步行动的建议（见“遵约和执行”）。

《维也纳公约》和《蒙特利尔议定书》是仅有的得到普遍批准的环境协议。新的氯氟烃、哈隆类物质、四氯化碳和溴甲烷几乎完全消除了，溴甲烷的产量急剧下降，含氢氯氟烃的控制总体上按照时间表推进。臭氧消耗基本平稳，如果所有国家履行各自义务（未必能够做到），臭氧层将在21世纪晚些时候重返正常水平。

多种因素对《臭氧层框架公约》的创设、内容、发展和成功具有至关重要的作用。超前的科学知识发挥重要但非决定性作用（Benedick，1998；Parson，2003；Downie，2012）。它导致了最初的问题，削弱了欧洲对启动谈判的反对，帮助设立国家倡议、加强控制。一个理解科学技术问题的较有影响力的认知共同体，也对过程产生影响（Haas，1992），包括措辞和引入预防、代际视角(Litfin, 1994)。

国家的经济利益以及重要的商业和企业,包括随着时间不断发展变化的成本收益认知,发挥着核心作用。不出所料的是,自 20 世纪 70 年代起,经济利益经常妨碍 ODS 的控制,例如最近创立和持续使用的溴甲烷豁免(Gareau, 2013)以及相对漫长的逐步淘汰的含氢氯氟烃。但是在关键时期,经济利益有助于强化《臭氧层框架公约》。这包括美国把本国行业与未实施国内管控的他国竞争对手置于同一规则下,早期积极推行全球协议;发现有效替代品时,氯氟烃的主要制造商和所在国政府的巨大政策转变;以及多边基金的影响(Downie, 2012)。

UNEP 及其行动极大地帮助了政策议题进入议程,启动正式谈判,促成缔约方就《蒙特利尔议定书》和 1990 年修正案的意见达成一致(Downie, 1995; Benedick, 1998)。《蒙特利尔议定书》自身的不断完善也很关键(Downie, 2012)。如果缔约方未能调整或正式修正《蒙特利尔议定书》的话,《臭氧层框架公约》的影响力就不能如此迅速地增强。允许豁免,防止某些国家不加入《臭氧层框架公约》或阻碍它的发展。禁止缔约国出口 ODS 或含 ODS 的产品,这为进口国,尤其是小国,提供了加入《臭氧层框架公约》的强大动力。多边基金吸引了发展中大国的参与,它有助于发展中国家达到或者超越淘汰时间表的要求,获得了来自接受资助和寻求替代品的参与者对 ODS 控制的支持。《臭氧层框架公约》原则上要求控制措施的制定应在臭氧层威胁的科学理解基础上遵循预防原则。这一原则使得评估工作组令缔约方的控制措施评估更具影响力。

但是,无法确保《蒙特利尔议定书》能获得最终的成功。全球臭氧政策面临推迟或阻止臭氧层全面恢复的挑战。这些包括完成 HCFCs 和溴甲烷的淘汰,取消哈隆类物质的豁免,防止将来 ODS 的黑市生产,确保 CFCs 在废弃设备中捕获并且绝缘泡沫未能到达大气层,不断改变的气候条件所带来的潜在影响(Downie, 2012)。氢氟碳化合物(HFCs)——氯氟烃的主要非消耗臭氧层物质替代品,是强大的全球温室气体,它们在用来解决臭氧层消耗问题的同时会加剧气候问题(见“制度互动”)。

参考文献

Benedick, Richard E. 1998. *Ozone Diplomacy*. Cambridge, MA, Harvard University Press.

Downie, David. 1995. "UNEP and the Montreal Protocol." In *International Organizations and Environmental Policy*, Eds. Robert Bartlett, Priya Kurian, Madhu Malik, and David Leonard Downie, 171–185. Westport, CT, Greenwood Press.

Downie, David. 2012. "The Vienna Convention, Montreal Protocol and Global Policy to Protect Stratospheric Ozone." In *Chemicals, Environment, Health: A Global Management Perspective*, Eds. Philip Wexler, Jan van der Kolk, Asish Mohapatra, and Ravi Agarwel, 243–260. Oxford, CRC Press.

Gareau, Brian J. 2013. *From Precaution to Profit: Contemporary Challenges to Environmental Protection in the Montreal Protocol.* New Haven, CT, Yale University Press.

Haas, Peter. 1992. "Banning Chlorofluorocarbons, Epistemic Community Efforts to Protect Stratospheric Ozone." *International Organization* 46(1): 187–224.

Litfin, Karen. 1994. *Ozone Discourses, Science and Politics in Global Environmental Cooperation.* New York, Columbia University Press.

Molina, Mario and F. Sherwood Rowland. 1974. "Stratospheric Sink for Chlorofluoromethanes: Chlorine Atomic Catalyzed Destruction of Ozone." *Nature* 249(5460): 810–812.

Parson, Edward A. 2003. *Protecting the Ozone Layer, Science and Strategy.* Oxford, Oxford University Press.

参　　与

菲利普·勒普雷斯特（Philippe Le Prestre）
拉瓦尔大学，加拿大

国际环境治理有赖于多元主体在多个治理层面、多种问题领域的活动。联合国理所当然地认为，决策领域的广泛参与是实现可持续发展的基本前提。相应地，1992年的《21世纪议程》，认定"主要人群"（本地政府、工人和工会、土著人和当地社群、农民、商业和企业、科技共同体、妇女、儿童和青少年、非政府组织）有权参与影响其利益或触及其价值的决策。实际上，联合国自创立时起就赋予民间社会团体以重要作用。尽管不同机构、组织的作用各不相同，但民间社会团体发挥的作用越来越大。

《里约宣言》的第10条原则和《21世纪议程》，是加强民间社会团体在环境政策制定的参与基础（见"峰会外交"）。在区域层面，《奥尔胡斯公约》旨在鼓励国家在立法、决策和立项的初期实现有效的公共参与。其理论根源是多方面的，包括多元主义、制度主义和全球协商民主理论；其现实原因也是多样的，包括对官僚机构被利益集团俘获的担忧，以及援助机构、国际开发银行的非共识项目的经历。参与被认为可以增进民主价值、提升环境正义和增加有效性。它有意识地创造了决策的归属感，帮助调和全球目标和本地需求，提高决策和政策的合法性。简而言之，参与把政策主体转变为利益相关者。

尽管参与如今被视为必然选择而不是一种特权，但是如何实现参与及其影响如何仍然饱受争议。第一个问题与代表、过程和工具性功能有关。

第一，谁应该参与？在国际论坛里，参与需要面对逻辑性、公平性和合法性问题。这一过程始终存在被更有序的群体及其利益所捕获的风险。其实，个人偏好并不会自动转化为群体意见。谁可以选择参与者？谁可以评价代表性？在一些发达国家，土著人和当地社群被授予重要的政策作用，比如国家代表团的成员身份，而这在国际层面经常被解读为特权。国际论坛的发言人，更多地代表集团利益而不是知识。我们能否假定大多数本土问题可以在本土解决，而当地社群总是更了解情况？相反，相对于受到外国利益资助的少数人观点，应当赋予代表当地社群的多数人观点多大权重？

第二，参与包括哪些内容？参与是一个过程，为利益相关者提供信息，使人们信服决策的正确性，识别紧急需要和需求，就问题和对策的界定整合群体观点。哪个议题应当优先考虑？什么情况下应当优先考虑？《联合国土著人民权利宣言》是一个极端例子。它赋予土著人根据自身需要开发自然资源和参与自然资源管理机构决策的权利。然而这些原则对民族国家不具有法律约束力，群体也因双边机构、多边机构所涉及的政府层级不同而千差万别。一般情况下，土著群体的代表有权进入闭门会议，正如《生物多样性公约》，甚至共同主持特别工作组。因纽特人北极圈会议是北极理事会科学委员会的积极参与者，因而能对报告内容产生影响。

第三，即使参与不存在负面影响，或者参与不被其他政治目的操纵，如何才能控制意外？参与可以加剧不平等，它增强了本地精英作为联结社区、捐赠者或政治权威的纽带的影响力。出于相同的原因，参与可以加剧政治冲突，以确定性的等级制度为代价增加新的个人影响力，正如所谓“发展经纪人”的案例所显示的。最后，参与也许被用来施加一个特定的观点（通过对参与者的选择），于是引导政策朝偏好的方向发展。

第二个问题与参与对环境后果的影响有关。公共参与的规定也许令议题更棘手。这实际上是关于参与是否会助长僵局，或者令力量天平导向更加严厉的环境政策的讨论（Green, 1997；Beierle and Cayford, 2002）。即便如此，也应在决策的环境正确性和执行的有效性之间进行权衡取舍（Fritsch and Newig, 2012）（见“遵约和执行”）。参与的效果取决于其发生背景（例如政治结构，清晰的目标和义务）和议题性质。

对于增进环境可持续性和环境正义而言，仅仅要求公共参与仍然不充分。可以说，不是参与塑造了政治，而是政治塑造了参与。国际影响力的关键很可能在于国内，公民社会的强大阶层可以利用国内渠道获得国际层面的影响力。

参考文献

Beierle, Thomas C. and Jerry Cayford. 2002. *Democracy in Practice: Public Participation in Environmental Decisions*. Washington, Resources for the Future.

Fritsch, Oliver and Jens Newig 2012. "Participatory Governance and Sustainability: Findings of a Meta-Analysis of Stakeholder Involvement in Environmental Decision-Making." In *Reflexive Governance for Global Public Goods*, Eds. Eric Brousseau, Tom Dedeurwaerdere, and Bernd Siebenhüner, 181–203. Cambridge, MA : MIT Press.

Green, Andrew J. 1997. "Public Participation and Environmental Policy Outcomes." *Canadian Public Policy* 23(4): 435–458.

伙 伴 关 系

利利安娜·安多诺娃（Liliana Andonova）和
马诺埃拉·阿萨亚格（Manoela Assayag）
国际关系与发展研究院，瑞士

"伙伴关系"概念涵盖多方面的内容。它包含多种治理安排——分权自愿、正式化的程度不一。伙伴关系涉及国际层面、本地层面的行为主体，缺乏传统的自上而下的指导与监管。合作的动力机制包括：① 私人部门与公民社会组织之间的倡议（Austin，2000），例如，通过与当地社群、非政府组织合作，而发展壮大的 Natura 品牌的亚马孙天然化妆品生产线；② 公共组织与非政府主体之间的倡议，例如，由世界银行、政府与私人部门推动的气候金融工具（Andonova，2010）；③ 多利益相关者安排（Glasbergen et al.，2007），例如全球清洁炉灶联盟。伙伴关系指的是不同主体之间的协定，公共主体（包括国家政府、机构、地方政府以及政府间组织）与非国家主体（包括基金会、商业和企业、非政府倡导组织），就政策问题建立的一系列共同规范、规则、目标、决策以及遵约和执行程序。自 20 世纪 90 年代起，该环境治理模式数量激增，提出了数以千计的倡议——从 2003 年约翰内斯堡峰会登记在册的数百个官方类型Ⅱ的伙伴关系，到诸如联合国环境规划署、世界银行、联合国开发计划署（UNDP）与联合国伙伴关系办公室所推进的公私倡议，以及地方层面寻求的多样化伙伴关系。例如，美国陶氏化学公司与大自然保护协会的生态系统倡议，或尼日利亚沼气工厂提出的"从奶牛到千瓦"伙伴关系，生产低成本的烹饪用气与天然肥料，减少了家畜的废水排放量与温室气体排放量。

环境治理伙伴关系的激增数量与多样形式，推进了关于三个核心问题的研究。谁是伙伴关系的治理主体，伙伴关系产生了什么效果，问责的程度如何？我们依次讨论这三个层次的伙伴关系。

来自传统非国家主体的影响力、动员力的提升是新合作治理的重要驱动力。例如,伙伴关系的"商业案例",包括与环境失灵和审查相关的政治、商业风险管理;社区关系改进;绿色产品、服务的市场开发;企业声望的终极提高、经营许可证的维持。商业管理文献,区分了两类企业伙伴关系:整合性的伙伴关系,把环境或社会目的整合进企业的核心业务;慈善性的伙伴关系,与企业运作的核心环境影响没有必然联系(Austin, 2000; Porter and Kramer, 2006)。例如,通过与亚马孙社区合作而发展的 Natura 化妆品生产线是整合方法的典范,而陶氏化学与大自然保护协会建立伙伴关系,支持环境组织的研究,以启示企业减少外部性,但是与企业的核心业务化学品生产并不直接相关。

对于非政府组织,建立伙伴关系可以提出特定的规范性或实施性议程,以便直接介入治理。伙伴关系也有利于非政府组织接近有影响力的主体,例如国家、政府间组织与企业,接触到建立合作的机会。例如为了实现生物多样性与生境管理,政府、世界自然基金会(WWF)、世界银行与其他主体建立巴西的亚马孙保护区伙伴关系,对主体间关系进行了实质性重建(Andonova, 2014)。世界自然基金会促成气候拯救计划等企业伙伴关系,要求企业对具体碳足迹减少目标做出承诺。

虽然非国家机构的作用日渐凸显,但公共机构依然在环境伙伴关系中发挥重要作用。近 20 年来,随着伙伴关系在数量、目的、治理工具方面不断演进,政府间组织凭借其机构议程与自治、专业技能与规范资本,成为合作治理中最重要的主导力量。各国尤其是捐赠国提供金融资源,这对伙伴关系治理试验至关重要。发展中国家的机构积极倡导建立伙伴关系并提高其影响力,发挥了必不可少的作用。具有一定制度能力的国家主动邀请非国家主体参与国家、地方倡议(Glasbergen et al., 2007; Andonova, 2014)。

什么激励因素促进了公共、私人治理主体的伙伴关系?这个问题对倡议的效果具有重要寓意。关于伙伴关系效果的数据虽然有限,但依然足以表明效果的显著性。治理的细分领域,例如清洁能源、生物多样性、气候金融、化学与工业事故的风险,伙伴关系产生一系列行为与环境后果。例如,清洁能源领域,加拉帕戈斯群岛-圣克里斯托瓦岛伙伴关系促进了岛上风能利用的实现,对进口化石燃料的依赖减少了一半。该伙伴关系的政治效果促使厄瓜多尔采用"零化石燃料—加拉帕戈斯政府战略"。类似地,借由小额赠款计划,全球环境基金为数千个发展中国家社区的建筑物、烹饪、农业增加了接触有效清洁技术的机会。

许多伙伴关系的成功案例自相矛盾,也是有效性的主要障碍。例如,近一半可持续发展委员会登记在册的能源伙伴关系是无效的，而剩下的那些，其有效性高度依赖于主体对资源的承诺（Pattberg et al.，2012）。成功的倡议在全球的分布不均衡，通常绕开那些缺乏邀请合作伙伴的能力或声音的最不发达国家与弱势群体。伙伴关系的成功经验仍需提炼，目前还不能在全球层面推动清洁能源、水与其他生态系统服务等问题的进展。

作为环境的新型治理，伙伴关系密切嵌入更广阔的制度与政策架构。伙伴关系问责的范围与主体（强权合伙人选区还是受影响的群体或国内民众）是争论与分析的问题。伙伴关系与政策环境之间透明度的层次，同行、市场的恰当方法以及程序（过程责任），是复杂问责动力机制的必要因素（Backstrand，2006；Steets，2010）。合作治理尚未给出全球问题通用的标准的解决对策，它主要包括执行能力、创新理念、跨越行动的适当尺度的超常成果。伙伴关系的研究前沿已超越对混合权威的出现及其性质的关注，延伸到解释伙伴关系成功实践的差异化的影响、责任及其广泛、合理的推广条件。

参考文献

Andonova, Liliana B. 2010. “Public-Private Partnerships for the Earth: Politics and Patterns of Hybrid Authority in the Multilateral System.” *Global Environmental Politics* 10(2): 25–53.

Andonova, Liliana B. 2014. “Boomerangs to Partnerships? Explaining State Participation in Transnational Partnerships for Sustainability.” *Comparative Political Studies* 47 (3): 481–515.

Austin, James E. 2000. *The Collaboration Challenge: How Nonprofits and Business Succeed through Strategic Alliances.* San Francisco, CA, Jossey-Bass.

Bäckstrand, Karin. 2006. “Multi-stakeholder Partnerships for Sustainable Development: Rethinking Legitimacy, Accountability and Effectiveness.” *European Environment* 16(5): 290–306.

Glasbergen, Philipp, Frank Biermann, and Arthur P.J. Mol. 2007. *Partnerships, Governance and Sustainable Development: Reflections on Theory and Practice.* Cheltenham, Edward Elgar.

Pattberg, Philipp, Frank Biermann, Sander Chan, and Aysem Mert. 2012. *Public–Private Partnerships for Sustainable Development: Emergence, Influence, and Legitimacy.* Cheltenham, Edward Elgar.

Porter, Michael E. and Mark R. Kramer. 2006. “Strategy and Society: The Link between Competitive Advantage and Corporate Social Responsibility.” *Harvard Business Review* 84(12): 78–92.

Steets, Julia 2010. *Accountability in Public Policy Partnerships.* Basingstoke and New York, Palgrave Macmillan.

持久性有机污染物公约

杰西卡·坦普尔顿（Jessica Templeton）
伦敦政治经济学院，英国

《关于持久性有机污染物(POPs)的斯德哥尔摩公约》(简称《斯德哥尔摩公约》于2001年通过，是一个具有法律效力的全球协议，其目的是保护人类健康和环境免受有害的、跨界的化学污染物的危害。POPs分为三类：杀虫剂，如DDT(双二氯苯基三氯乙烷)，在非洲撒哈拉以南地区仍用来控制疟疾传播媒介；化工原料，如阻燃剂六溴环十二烷；燃烧和工业过程产生的非预期副产品，如二噁英和呋喃。

持久性有机污染物的概念是社会建构的产物；人们有意选择持久性有机污染物的本质特征，致使在全球范围内仅有威胁人类健康和环境的化学制品列入其中(Selin, 2010)。尽管许多化学制品可能对人类健康和环境带来危害，但《斯德哥尔摩公约》只设法解决在环境中长距离运输的化学品问题，长距离运输令化学品危害能够通过空气和水流迁移至其排放点数千乃至数万千米之外。这些危害往往集中在北极，为保护人类免受其害，需要采取全球集体行动(Downie and Fenge, 2003)。持久性有机污染物也具有毒性、生物累积性(经由食物链向上传递，其浓度不断增加)和持久性(在环境中降解缓慢)。

禁止或限制POPs的生产和使用的公共决策是基于科学的考量。POPs审查委员会是一个由与公约缔约国相关的31位技术专家组成的科学咨询附属机构，负责评估列入《斯德哥尔摩公约》的物质。审查委员会设置的初衷是体现地区多样性、性别平衡和专家领域的多样性。科勒认为，多样性对于诸如POPs审查委员会之类的边界组织而言非常重要(Kohler, 2006)。这类组织致力于科学与政策之间的融合，它们的可信度对于其所支持的协议的可信度而言，是至关重要的。

《斯德哥尔摩公约》是解决全球化学污染问题的三个国际协议之一；其他两个协议是关于危险废物的《巴塞尔公约》和关于危险化学品的《鹿特丹公约》。虽然这些公约单独建立并依法自治，但近期联合国环境规划署提出了"协同"倡议，对公约之间的行政性和程序性关系做出了规定。倡议有意增强在责任交叉领域的措施之间的合作（见"制度互动"）。最明显的是，这使得三个秘书处整合为一个机构，提高了行政效率。然而执行公约同样具有重要含义，如通过整合对发展中国家的技术援助，以协助其履行《斯德哥尔摩公约》和《巴塞尔公约》的义务。这些改变将会进一步增强《鹿特丹公约》与《巴塞尔公约》的纵向和横向联系，有助于决策者增进合作，提高效率（Selin，2010）。尽管如此，增强联系也会制造协议的障碍，比如当一个政策论坛的争议波及另一个论坛时，在这种情况下，政策论坛间的关联问题会"增加政治风险"，令协议更难达成（Selin，2010：194）。

参考文献

Downie, David Leonard and Terry Fenge (Eds.). 2003. *Northern Lights against POPs: Combatting Toxic Threats in the Arctic*. Montreal, McGill-Queen's University Press.

Kohler, Pia. 2006. "Science, PIC and POPs: Negotiating the Membership of the Chemical Review Committees under the Stockholm and Rotterdam Conventions." *Review of European Community and International Environmental Law* 15(3): 293–303.

Selin, Henrik. 2010. *Global Governance of Hazardous Chemicals: Challenges of Multilevel Management*. Cambridge, MA, MIT Press.

政 策 扩 散

卡佳·比登科普夫(Katja Biedenkopf)
阿姆斯特丹大学,荷兰

政策扩散表述的是发生在管辖区域内乃至全球范围内的政策传播过程。它可以从本土到全球,在不同的治理尺度上予以观察。笔者区分了一些因果机制和范围条件。机制描述一系列事件,用来解释某一政策如何激发或影响另一管辖区域内的政策变化。然而对于机制的数量和类型,不同研究者的看法不一,比较公认的分类是强制、竞争、学习和效仿(Gilardi, 2012: 460-461)。

强制是指把某一地区的政策变化强加于另一地区,主要通过制裁和限制条件来实现,包括贸易强制、市场准入条件,如 1983 年欧洲经济共同体(EEC)法律禁止进口幼海豹产品,导致加拿大停止白色幼海豹的商业捕杀。强制手段包括付款或准入形式的激励,例如允许加入一个国际组织作为政策变化的奖励。希望加入欧盟的国家(见"区域治理")必须接受欧盟的整套环境法。比如 21 世纪初,中东欧国家加入欧盟,在接受财政刺激和能力建设措施的同时必须履行义务(Andonova, 2003: 6-9)。

竞争建立在地区努力争取留住或吸引资源、投资的基础上。如果某一地区降低其环境监管要求,那么商业成本将会下降,这可能会吸引更多投资(见"倾销")。作为回应,其他地区可能同样降低环境监管要求,以竞争投资,这一现象称为"力争下游"。然而生产链和销售市场的全球化却带来了相反效果——"力争上游"。如果拥有巨大的吸引力市场的某一地区采纳规模宏大的环境监管,所有企业就必须遵从。出于效率的考虑,一些企业决定对所有产品使用更严格的要求。由于已经为遵约投资,因而企业决定在其他地区积极倡导政策变化,这令它们能够与本土竞争者公平竞争,否则本土企业不会投资(Vogel，1997：561－563)。1960年，加利福尼亚州执行限制汽车尾气排放的标准，五年后联邦政府采纳了相同标准。20世纪70年代，欧洲贸易共同体和日本采纳了美国的相同标准。汽车制造业的全球化特征通常被认为是力争上游的主要原因(Carlson，2008)。

学习指的是借鉴其他地区经验。政策制定者从其他地区经验和实例中寻求灵感并判断政策选项的后果。从20世纪70年代起，环境部门和环境机构在全球范围内快速流行起来。布施和乔根斯认为，国际社会和经验交流有助于政策扩散，比如通过政府间网络和认知共同体(Busch and Jörgens，2005：875)。

效仿是在认同价值规范的基础上采纳类似于其他地区的政策。把某一政策视为合适和合法是效仿的动力。追随其他地区的政策，因为追随者和早期采纳者坚守相同的价值规范。追随者对首次采纳这一政策的地区推崇备至，这同时也是早期采纳者的社会化努力的结果。20世纪70年代某些国家首次引入生态标签——一种基于环境绩效的产品标签(见“标签和认证”)。20世纪80年代晚期、90年代早期，这一政策实践快速扩散。这些采纳国家之间的国际合作和社会化很好地解释了这一过程(Tews et al.，2003：583－585)。在实际操作中，效仿和学习难以区分。

扩散过程可以混有不同机制，产生增强或者减弱作用。相互增强的例子是《欧盟法》，该法要求电子产品在(再)设计上保证不包含某些有害物质(除指定豁免外，见“危险废物框架公约”)。借由竞争机制，欧盟对一些在全球供应链上生产电子元件的国家拥有更大的影响力(Biedenkopf，2012)。

扩散仅在某些特定条件下发生。这些条件涉及首次采纳者的地区、追随者的地区、扩散政策的特点。前文提及的物质管制的例子，中国经济结构、中国行政能力及其法律体系，可以解释为何作为政策扩散结果的监管制度，与《欧盟法》既有相似点，又有不同点(Biedenkopf，2012)。

许多政策扩散研究很少考虑机构。个人和组织在促进或阻碍扩散方面发挥的作用通常被结构变量所掩盖，因此对扩散政治的研究依然相对较少。这就涉及一个更广泛的问题：当政府把政策扩散当作治理工具时，如何应用扩散研究的观点(Biedenkopf and Dupont，2013：190－192)。

参考文献

Andonova, Liliana B. 2003. *Transnational Politics of the Environment: The European Union and Environmental Policy in Central and Eastern Europe*. Cambridge, MA, MIT Press.

Biedenkopf, Katja. 2012. "Hazardous Substances in Electronics: The Effects of European Union Risk Regulation on China." *European Journal of Risk Regulation* 3(4): 477–488.

Biedenkopf, Katja and Claire Dupont. 2013. "A Toolbox Approach to the EU's External Climate Governance." In *Global Power Europe*, Eds. Astrid Boening, Jan-Frederik Kremer, and Aukje van Loon, 181–199. Heidelberg, Springer.

Busch, Per-Olof and Helge Jörgens. 2005. "The International Sources of Policy Convergence: Explaining the Spread of Environmental Policy Innovations." *Journal of European Public Policy* 12(5): 860–884.

Carlson, Anne E. 2008. *California Motor Vehicle Standards and Federalism: Lessons for the European Union*, Working Paper 2008(4). Berkeley, Institute of Governmental Studies.

Gilardi, Fabrizio. 2012. "Transnational Diffusion: Norms, Ideas, and Policies." In *Handbook of International Relations*, Eds. Walter Carlsnaes, Thomas Risse, and Beth A. Simmons, 453–477. London, Sage.

Tews, Kerstin, Per-Olof Busch, and Helge Jörgens. 2003. "The Diffusion of New Environmental Policy Instruments." *European Journal of Political Research* 42(4): 569–600.

Vogel, David. 1997. "Trading Up and Governing Across: Transnational Governance and Environmental Protection." *Journal of European Public Policy* 4(4): 556–571.

污染者付费原则

尼古拉斯·德·萨德勒（Nicolas de Sadeleer）
圣路易斯大学·布鲁塞尔，比利时

当把环境恶化的相关社会成本转嫁给本地居民时，使用环境物品通常导致经济学家所说的外部性问题。依据英国经济学家庇古提出的外部性理论，这些外部成本应当内部化，即通过为这些责任索价的方式，把成本整合进物品或服务的价格里。如果一直隐藏这些成本，市场将对扭曲的价格信号做出反应，并做出无效的经济选择。在这一背景下，污染者付费原则反映出成本分配的经济原则，其根源是外部性理论。相应地，该原则要求污染者为污染导致的外部成本承担责任(de Sabran-Pontevès, 2007)。

自20世纪70年代起，经合组织和欧盟已经批准污染者付费原则，并且该原则也出现在大量环境协议的序言和操作细则里，其中大多数被用来保护区域海洋(Sands and Peel, 2012)。1992年的《里约环境与发展宣言》公布了这一原则(第16条原则)，尽管使用了期望性条款而不是强制性条款：各国当局应竭力促进环境成本的内部化以及经济工具的使用，并考虑到这一方法，即原则上污染者应当承担污染的成本，在不扭曲国际贸易和投资的同时适当地考虑公共利益。

相较于没有批准污染者付费原则的其他地区，这一原则在欧盟得到了蓬勃发展，多数EU国家要求污染者承担环境责任(de Sadeleer, 2002; de Sadeleer, 2012)，而且一些国家的立法者(法国、比利时)把它确立为环境政策的指导规范或基本原则。

污染者付费的发展历史反映出其含义的逐渐转变。最初，20世纪70年代，OECD和EU把该原则作为防止竞争扭曲的方法(确保内部市场稳定的和谐化工具)；80年代，它为慢性污染的内部化(借由环境基金的预防性工具)与预防慢性污染(借由征税的预防性工具)奠定基础；它保障损害的综合修复(基于责任方案的治疗性工具)。

最后,污染者付费原则把"污染者"与"付费"两个术语摆在一起,乍一看它们的意义不证自明,但当试图界定时,却变得越来越难以捉摸。界定它们最好从两个不同视角入手:第一,谁是污染者?第二,污染者应该赔付多少?然而就面源污染而言,一果多因,一因多果,认定污染者变得有些困难。一旦确认,污染者必须赔付,但是赔付价格却仍然不能达成一致。而这引发了一个新问题,污染者付费原则是否需要外部性的完全内在化,还是部分内在化?无论使用哪种方式,环境成本定价依然充满争议。

参考文献

de Sadeleer, Nicolas. 2002. *Environmental Principles*. Oxford, Oxford University Press.

de Sadeleer, Nicolas. 2012. "The Polluter-Pays Principle in EU Law—Bold Case Law and Poor Harmonisation." In *Festskrift til H.-C. Bugge*, Eds. Lorange Backer, Ole Kristian Fauchald, and Christina Voigt, 405–419. Oslo, Universitets-forlaget.

De Sabran-Pontevès, Elzeéar. 2007. *Les transcriptions juridiques du principe pollueur-payeur*. Aix-en-Provence, Presses universitaires d'Aix-Marseille.

Sands, Philippe and Jacqueline Peel. 2012. *Principles of International Environmental Law*. Cambridge, Cambridge University Press.

人口可持续性

戴安娜·库尔(Diana Coole)
伦敦大学伯贝克学院,英国

人口可持续性可用三种方式解读。第一,它涉及特定人口总量的生存能力:随着时间推移,是否具有维持自身的足够数量、恢复能力和繁殖能力?第二,它指的是支持现存或预期人口数量的外部环境的能力。这有时与第三种方式即可持续性的人口等同于最佳人口总量相关。20世纪20年代,虽然批评家认为确定性的数字过分僵化,但人们仍然试图确定最优范围,这涉及承载能力范式。

第二个含义与环境可持续性最为相关。前现代文明有证据表明,由于人口增长超出自然资源的承载力而导致人群消失。这一问题再次出现在欧洲的生育率转变期,这时,马尔萨斯(Malthus, 1798)把饥饿、疾病和战争视为人口呈指数增长的后果。20世纪60年代和70年代,旨在扩大西方国家人均消费的战后婴儿潮再次向世界发出警告,引发人们对资源短缺和环境退化的关注。保罗·埃利希(Paul Ehrlich)的《人口炸弹》(1972)和罗马俱乐部的《增长的极限》(Meadows et al., 1972)建议人口稳定化和国家经济的平稳化。联合国人类环境会议(Stockholm, 1972)在第五个宣言里,把持续的人口增长看作环境保育问题的根源,它的第16条原则建议在人口增长速度和人口集中度对环境产生不利影响的地区,在尊重人权的前提下采取适当的人口政策。

当人口增长速度下降,人口控制政策变得具有政治争议性时,不可持续的人口增长论题随即中止。新自由主义者利用反马尔萨斯的人口修正主义,认为人口刺激经济增长和技术创新,为有效地管理生态系统服务增加收益的同时给予资源弹性。里约地球峰会(1992)第8条原则仅仅把“适当的人口政策”附于“消除不能持续的生产和消费模式”之后。而在“里约+20”

(2012)峰会上,人口政策完全从可持续发展工具箱里消失了。更具讽刺意味的是,尽管关于可持续性的环境宣言通常回避"数字游戏",但是出于经济目的,人口政策被广泛用来影响人口增长率和生育率。《2011 年世界人口政策》(United Nations, 2013)揭示了一些国家的人口增长情况。就人口增长而言,澳大利亚的人口政策是关注多产的劳动年龄人口数量的典范,其人口政策的主要目的是持续的经济增长(Australian Government, 2011)。多数最不发达国家把人口增长视作资源安全和发展的威胁,但这些国家也并不优先考虑环境问题。

考虑到一些新兴国家的人口持续高增长,中产消费者数量的不断增加,联合国把 2100 年的人口预测值上调为大约 110 亿,环境破坏依然存在,一些研究——皇家学会的《人类和地球》(2012)——再次声称人口数量对可持续性困境至关重要。满足避孕需求和鼓励小家庭模式,被视为减缓气候变化、生物多样性损失等公地悲剧后果的经济且有效的方式。

参考文献

Australian Government. 2011. *Sustainable Australia—Sustainable Communities: A Sustainable Population Policy for Australia.* Canberra, Commonwealth of Australia.

Ehrlich, Paul. 1972. *The Population Bomb*, 2nd Edition (first published 1968). London, Pan/Ballantine.

Meadows, Donella H., Dennis L. Meadows, Jorgen Randers, and William W. Behrens III. 1972. *The Limits to Growth.* New York, Universe Books.

The Royal Society. 2012. *People and the Planet.* London, The Royal Society.

United Nations. 2013. *World Population Policies Report 2011.* New York, United Nations.

后环保主义

基娅拉·斯托马(Chiara Certomà)
圣安娜高等研究学院,意大利
根特大学,比利时

后环保主义理论出现于20世纪90年代,是当时的众多批判性理论之一,它指出可持续发展的不足和主流环境政治的无效(见"批判政治经济学")。它声称,自20世纪80年代起,峰会外交、商业和企业、大型非政府组织在寻求建立全球环境治理共识的过程中,提出了环境问题去政治化的要求。去政治化同环境问题的技术对策一起,削弱了环境要求的社会政治力量,夺取了社会机构的权力,产生了总体上无效的政策手段,比如贸易许可和其他市场手段。

后环保主义的概念由约翰·杨(John Young,1992)引入政治哲学争论,几年后批判哲学家克劳斯·艾德(Klaus Eder,1996)重提这一概念,在后环保主义的框架下,进一步发展公共空间的认知和道德现代理性。

2004年咨询顾问迈克尔·谢伦伯格(Michael Shellenberger)和特德·诺德豪斯(Ted Nordhaus)出版了名为《环境保护论的死亡》的手册,引起了美国公共政策部门和环境社会学领域(Latour,2008)的广泛争论。他们批判环境运动,认为环境运动不尝试结合其他社会运动,从而决定了其在政治争论中的边缘化地位。仅仅涉及自然保护和保育,是环境议题的幼稚表现,破坏了议题与政治之间较强的相关性,降低了成功解决的可能性,《气候变化框架公约》未能深入推进就是一个典型的失败案例。

为了突破公认的定义、知识生产过程和环境主义自身的政治实践,政治科学家英戈尔富·布吕道恩(Ingolfur Blühdorn,2000)在上述贡献基础上,提出了从后现代主义到后生态主义的理论进展。他声称,对于环境价值的全盘接受与现代资本主义消费民主国家的实践不相符,这决定了主流环境政治的无奈现状(Blühdorn, 2011)。为了公开披露由于对可持续目标的承诺的超生态主义和对无限增长的永恒信念的共存带来的悖论,他采用了建构主义路径。在生态现代化理论框架下,对环境问题进行社会建构的批判性分析仅仅是权宜之计,后环境保护主义者的时代呼唤全新的社会学理论。

参考文献

Blühdorn, Ingolfur. 2000. *Post-Ecologist Politics: Social Theory and the Abdication of the Ecologist Paradigm*. London, Routledge.

Blühdorn, Ingolfur. 2011. "The Politics of Unsustainability: COP15, Post-Ecologism and the Ecological Paradox." *Organization and Environment* 24(1): 34–53.

Eder, Klaus. 1996. *The Social Construction of Nature*. London, Sage.

Latour, Bruno. 2008. "'It's the Development, Stupid!' or How to Modernize Modernization? " Available at www.bruno-latour.fr.

Young, John. 1992. *Post-Environmentalism*. London, Belhaven Press.

预先防范原则

阿尔蒂·古普塔(Aarti Gupta)
瓦格宁根大学,荷兰

预先防范原则经常被吹捧成全球环境治理的最重要原则之一。它的重要前提是环境风险或人类健康风险在性质和程度上的科学不确定性,以及不能把危害当作政策不作为的原因(Foster et al., 2000)(见"科学")。预先防范原则的最众所周知的表述是在1992年地球峰会的《里约宣言》里(见"峰会外交")。其中的第15条原则陈述如下:"为了保护环境,各国应根据它们的能力广泛采取预防措施。凡有可能造成严重的或不可逆转的损害的地方,不能把缺乏充分的科学肯定性作为推迟采取具有成本效益的措施以防止环境退化的理由。"

由于预先防范涉及科学不确定性的原因和影响,以及危害和风险的分配,因而在全球环境和风险治理的政策领域激起了最为激烈的争论(Pellizzoni and Ylönen, 2008)。预先防范原则的历史先例可以追溯到20世纪70年代在德国首次提出的概念"vorzorgeprinzip",该概念表明了环境问题的预防性和前瞻性(而不是回应性)行动的需求(O'Riordan and Jordan, 1995)。从此,学术界更多地关注预先防范原则的概念化和操作化,特别是在国际背景下(Löfstedt et al., 2001)。

在过去的几十年内,学术界和政策界就这一原则不断产生争议,既有积极的倡议者(Sachs, 2011),也有强有力的批评者(Sunstein, 2005)。针锋相对的原因之一是大量的概念界定,以及由此引发的不一致和有争议的政策应用。许多学者指出,在各种国际宣言和协议里,至少可辨识出14种概念界定(Foster et al., 2000)。定义的多样性意味着在预先防范原则的关键要素方面几乎没有达成共识,包括预先防范行动的启动条件,或者举证责任应该在声称受害方还是另一方。缺乏共识涉及预先防范是否应该被视为"原则"或仅仅是环境公共决策的“方法”。美国倾向于后一种认识，而欧盟长期以来倡导把预先防范原则作为区域环境政策的基石(Pellizzoni and Ylönen, 2008)。

学术界长期的争论取决于，预先防范原则的多种解读的“含糊性”和开放性，是它的重要优势还是致命缺陷。一些人声称预先防范原则“只要它依然含糊，将保持政治有效性”(O'Riordan and Jordan, 1995: 193)，其他人把不清晰的定义视为随意滥用。定义的争论也与预先方法原则的“弱”“强”观点有关。强观点要求零风险或“充分的”科学确定性。借由令人信服的批判桑斯坦指出，阻止接受(不确定)风险的预先防范原则的强观点是站不住脚的：假定作为和不作为均带有相应的风险和放弃的机会，那么根据强观点的逻辑推导，则既不准许作为，也不准许不作为(Sunstein, 2005)。从这一角度看，预先防范原则作为政策的指导方针是无用的。

其他人声称，预先防范原则的含糊性允许其充当贸易保护主义的幌子。例如，这一原则涉及US与EU之间转基因生物贸易的大西洋争端，EU援引预先防范原则证明其限制US的转基因生物(GMOs)进口的正当性(Tait, 2001)。争端涉及国际环境机制与国际贸易机制之间关于预先防范定义的长期争论和制度互动。关于转基因生物转移的国际环境协议，《卡塔赫纳生物安全议定书》是在《生物多样性公约》下进行谈判的；而环境风险和安全是在世界贸易组织《实施动植物卫生检疫措施的协议》(SPS协议)下进行科学监管的。

SPS协议要求，与动植物、人类健康和安全相关的国家卫生与植物检疫标准，必须具有科学依据，以防止成为贸易的非关税壁垒。然而SPS协议第5条第7款允许在有关科学证据不充分的情况下，成员国可以暂时采取……(限制性)措施来(寻求)获得对于更客观的风险评估所必需的额外信息，在合理的时间范围内评价相应的卫生或植物检疫措施。

因此，SPS协议允许贸易限制性预先防范措施的追索权，包括GMOs，只要在追索时效内，并且危害的科学证据确凿。相反，2000年的《卡塔赫纳安全议定书》给国家采取预先防范行动提供了广阔的余地，只是它不需要在明确时间范围内进行预先防范措施的评价。虽然如此，学术仍旧在探讨如何在各个全球框架下解释预先防范原则的表述(Gupta, 2001)。

《联合国气候变化框架公约》在第3条中也出现了预先防范原则的版本，规定“不应以科学上缺乏充分的确定性为理由推迟……(气候缓解)措施”(见“气候变化框架公约”)。这一问题领域强调，必须超越定义间的冲突，把预先防范的操作化嵌入科学的制度化(不同类型的)和全球环境治理的不确定性中去(Pellizzoni and Ylönen，2008)。

参考文献

Foster, Kenneth R., Paolo Vecchia, and Michael H. Repacholi. 2000. "Science and the Precautionary Principle." *Science* 288(5468): 979–981.

Gupta, Aarti. 2001. "Advance Informed Agreement: A Shared Basis for Governing Trade in Genetically Modified Organisms?" *Indiana Journal of Global Legal Studies* 9(1): 265–281.

Löfstedt, Ragnar E., Baruch Fischhoff, and Ilya R. Fischhoff. 2001. "Precautionary Principles: General Definitions and Specific Applications to Genetically Modified Organisms." *Journal of Policy Analysis and Management* 21(3): 381–407.

O'Riordan, Timothy and Andrew Jordan. 1995. "The Precautionary Principle in Contemporary Environmental Politics." *Environmental Values* 4(3): 191–212.

Pellizzoni, Luigi and Marja Ylönen. 2008. "Responsibility in Uncertain Times: An Institutional Perspective on Precaution." *Global Environmental Politics* 8(3): 51–73.

Sachs, Noah M. 2011. "Rescuing the Strong Precautionary Principle from its Critics." *University of Illinois Law Review* 4: 1285–1338.

Sunstein, Cass. 2005. *Laws of Fear: Beyond the Precautionary Principle.* New York, Cambridge University Press.

Tait, Joyce. 2001. "More Faust than Frankenstein: The European Debate about the Precautionary Principle and Risk Regulation for Genetically Modified Crops." *Journal of Risk Research* 4(2): 175–189.

预先行动原则

海伦妮·特鲁多（Hélène Trudeau）
蒙特利尔大学，加拿大

预先行动原则与可持续发展概念相关。该原则是指国家应当采取必要措施以保护环境，防止本国领土行为导致的危害，不仅从跨境的角度出发，还涉及全球视角。这些措施包括有毒有害产品和行为的监管、环境风险项目的评估和批准等。

区分预先防范原则和预先行动原则是很重要的。虽然在面对所有风险时，允许采取预防措施和预先行动，两者呈现出一定的相关性（Trouwborst，2009），但预先行动原则更侧重应用于已知的环境风险（见“风险社会”）。预先防范原则是一种先进的预防表达，适用于具有科学不确定性的风险（De Sadeleer，2002）（见“科学”）。

预先行动原则起源于规范国家责任的规则。1941年的特雷尔冶炼厂争端，临近美加边境的加拿大冶炼厂的排放对美国造成了损害，因此加拿大对美国农民损失负有责任。仲裁法庭认为，国家不得以损害别国领土的形式利用本国领土。国际法规定，国家虽然只享有本国自然财富和自然资源的主权，但有责任防止危及他国的损害发生。如果本国行为会对他国造成影响，国家应当承担相应的环境保护职责（工作），以控制行为或正确地管理行为（Sands，1995；Paradell-Trius，2000；Trouwborst，2009）。国家仅对“适度谨慎”或“适度勤勉”行为承担责任：如果国家采取了合理措施以防止事件发生，那么它将不对损失承担责任（Crawford et al.，2010）。《斯德哥尔摩宣言》的第21条原则和《里约宣言》的第2条原则的峰会外交，清晰地陈述了这一职责。这一职责已应用于跨境危害和污染领域，在许多国际诉讼和争端解决机制里被明确表述为国际法惯例（Trail Smelter，Lac Lanoux，Gabcikovo-Nagymaros）（Sands，1995）。它为《环境影响评价公约》和《跨界大气污染框架公约》等双边、多边条约提供了精确的规范性内容，是制定国家间具体保护措施的依据（对潜在跨境污染源进行评估、咨询、合作、监管）。并且，国际法委员会于2001年把“适度谨慎”义务的特定要素编进《危险活动所致跨界损害的预防（草案）》（Barboza，2011）。

参考文献

Barboza, Julio. 2011. *The Environment, Risk and Liability in International Law*. Leiden, Boston, Martinus Nijhoff Publishers.

Crawford, James, Alain Pellet, and Simon Olleson. 2010. *The Law of International Responsibility*. Oxford, Oxford University Press.

de Sadeleer, Nicolas. 2002. *Environmental Principles*. Oxford, Oxford University Press.

Paradell-Trius, Lluis. 2000. "Principle of International Environmental Law: An Overview." *Review of European, Comparative and International Environmental Law* 9(2): 93–99.

Sands, Philippe. 1995. *Principles of International Environmental Law*. Manchester, Manchester University Press.

Trouwborst, Arie. 2009. "Prevention, Precaution, Logic and Law: The Relationship between the Precautionary Principle and the Preventative Principle in International Law and Associated Questions." *Erasmus Law Review* 2(2): 105–127.

私 人 机 制

杰西杰·F.格林（Jessica F. Green）
凯斯西储大学，美国

国家不再是全球环境治理的单一责任主体。私人机制，即由非国家主体（包括非政府组织、商业和企业以及伙伴关系）创设的跨国规则，越来越多地参与环境事务管理（Pattberg，2007；Green，2014）（见“管理体制”）。

在某种程度上，私人机制的趋势可以追溯到1992年环境与人类发展大会，国家呼吁非国家主体通过伙伴关系或其他方式促进环境保护。环境标签和认证是私人机制最为显著的方式。非国家主体创设的标签和认证规则，为各种产品的环境属性设立标准。例如，确立“可持续”鱼类或“有机”食品的标准。私人机制由市场逻辑驱动：发达国家顾客需要减少环境损害的产品，并愿意为此支付额外费用（Vogel，2008）。

企业社会责任的行为准则是自我管理的范例，也可以被视为一种私人机制。化学企业设立责任关怀项目以提升环境安全和化工企业的公共责任。目前大部分全球化工企业是责任关怀项目成员，采用行为准则以改进实践。

基于信息的标准是私人机制的第三种形式。这类标准要求组织（通常是企业）收集并报告自身环境实践的相关行为信息（见“审计”）。因此，全球报告倡议组织（见“报告”）为组织提供关于行为所致的经济、社会和环境影响的报告框架。碳信息披露项目的工作内容类似于全球报告倡议组织，但更聚焦于碳排放。环境管理体系，如ISO14001，也可被视为一种私人机制：私人部门为了改进内部运营而设立这些标准（Prakash and Potosk，2006）。由于这些规则是基于过程的，因而私人部门对结果不做要求。

关于私人机制的出现原因，存在一些不同观点。最终答案在某种程度上，取决于规则的设置主体和采纳主体。由企业制定、为企业服务的私人机制通常给予成员某些利益，可能包括更优的企业声誉，或者防止更严格的公共管制的能力。另一些人把私人机制特别是标签和认证视作全球化的结果。现在任何国家都不能监管横跨全球的供应链，而私人机制恰好能填补这一空白。在美国出售的鱼可能在某一国家捕捞，而在另一国家加工，因此没有一个国家能够对该产品进行监管。于是，消费者或企业对私人机制提出需求。在其他情况下，致力于减少企业环境影响的 NGOs 亦对私人机制提出需求(Bartley, 2007)。

因为私人机制纯粹自愿，不被法律强制，所以会因不力和无效而受到批评。软弱的制度被视为一种“漂绿”形式——表面上宣称提升环境质量。即使规制有力，私人机制也可能无效，因为它不能强制组织参与。例如，尽管已有 10%的全球水产品通过海洋管理理事会的认证，但大多数渔场仍然无视渔业治理而危险地过度开发。最近，研究开始审视是否可通过政府行动来强化私人机制，以及如何通过政府行动强化私人机制。例如，许多欧盟国家接受森林标签体系(比如森林管理委员会)的木材认证。公共政策创造更多需求，并且从理论上提高了标签体系的有效性。如果私人机制的运行有赖于政府，那么这就引发了一个问题：私人机制是否真的是治理的必需形式。

私人机制同样易受到合法性怀疑。它们不具有国家权威，非国家主体能否被视为正当的规则制定者(Bernstein and Cashore, 2007)? 合法性感知与治理能力密切相关，因为合法性为私人部门提供权威。一些研究探讨私人机制为了获得合法性而采取的具体措施，包括透明度和参与过程，以确保其对监管对象和广大公众负有责任。

虽然存在上述潜在问题，但私人机制发展迅猛。继而引发制度竞争问题：当多个制度对同一事务进行监管时，情况将会怎样(见“制度互动”)? 既然私人机制出于自愿，主体可以选择参与或者不参与这个软弱的规则框架。于是，关于私人机制研究的大问题就是，标准间的竞争是否会产生“棘轮效应”，以至于软弱的制度或受到商业驱使或被迫而强化规则；抑或是导致“逐底竞赛”，私人机制弱化规则以争夺信徒。迄今为止，关于政策扩散问题的调查结果有好有坏。

参考文献

Bartley, Tim. 2007. “Institutional Emergence in an Era of Globalization: The Rise of Transnational Private Regulation of Labor and Environmental Conditions.” *American Journal of Sociology* 113(2): 297–351.

Bernstein, Steven and Benjamin Cashore. 2007. "Can Non-State Global Governance be Legitimate? An Analytical Framework." *Regulation and Governance* 1(4): 347–371.

Green, Jessica F. 2014. *Rethinking Private Authority: Agents and Entrepreneurs in Global Environmental Governance*. Princeton, NJ, Princeton University Press.

Pattberg, Phillip. 2007. *Private Institutions and Global Governance: The New Politics of Environmental Sustainability*. Cheltenham, Edward Elgar.

Prakash, Aseem and Matthew Potoski. 2006. *The Voluntary Environmentalists: Green Clubs, ISO 14001, and Voluntary Environmental Regulations*. Cambridge, Cambridge University Press.

Vogel, David. 2008. "Private Global Business Regulation." *Annual Review of Political Science* 11: 261–282.

减少森林砍伐和森林退化导致的温室气体排放

海克·施罗德（Heike Schroeder）
东安格里亚大学，英国

随着森林覆盖的逐年减少，热带森林国家每年毁林造成的温室气体排放占全球的13%～17%，其大规模森林砍伐问题成了气候变化的焦点问题（Van der Werf et al.，2009）。为了在《气候变化框架公约》内解决后《京都议定书》时期的森林砍伐问题，新成立的热带森林国家联盟开始进行游说。斯特恩（2007）指出，相较于当前的国际国内缓解气候变化的效果，制止森林砍伐是一个减少温室气体排放的经济方法。最终，巴厘行动计划于2007年把避免森林砍伐采纳为国际气候变化政策。

巴厘行动计划利用激励机制来保持森林完整，使得维持树木生长比砍伐更有价值。作为后2012年气候变化协商的一部分，它开展了热带森林国家维持树木生长的补偿机制设计，从而减少森林砍伐和森林退化导致的温室气体排放（REDD）。2009年《哥本哈根协议》承诺既资助旨在REDD的活动，也资助森林保护、森林可持续管理和增加森林碳汇（REDD+）。2010年《坎昆协议》对于社会与环境保障的阐述较为模糊，提供了REDD+准备活动的指导。2011年至2012年，人们大多关注资金和测量、报告、核实森林砍伐的减少状况的指导方针。

与此同时，市场主导型方案令资金流向热带森林国家，使得依靠森林生存的人们得到收益，热带森林国家也因找到减排方法而获得领先优势。2008年，开展了两个项目：UN-REDD，用以支持建立、实施REDD+战略的国家；世界银行森林碳伙伴基金（FCPF），用以资助为REDD+准备就绪的伙伴国家，并且数个双边、跨国和非政府组织计划和试点项目已在实施中（Angelsen et al.，2012）。

众所周知，REDD＋的主要挑战是治理问题（Corbera and Schroeder，2011）。除非充分解决了大量国际设计和国家执行的治理挑战，否则 REDD＋将不可能在不引发社会、环境损害的情况下有效避免森林砍伐（见“尺度”）。其中包括漏损问题，例如如果世界和（或）国家的森林砍伐动力没有同时解决，某一地区的森林保护可能导致别处的森林砍伐；还有持久性问题，例如如何就援助国的以避免森林砍伐为条件的长期协议，与受援国的利益相关者进行接触；还有附加性问题，例如如何根据森林退化的国际支付惯例，充分地、精确地计算差异程度。

参考文献

Angelsen, Arild, Maria Brockhaus, William D. Sunderlin, and Louis V. Verchot (Eds.). 2012. *Analysing REDD+: Challenges and Choices*. Bogor, CIFOR.

Corbera, Esteve and Heike Schroeder. 2011. "Governing and Implementing REDD+." *Environmental Science and Policy* 14(2): 89–99.

Lyster, Rosemary, Catherine MacKenzie, and Constance McDermott. 2013. *Law, Tropical Forests and Carbon: The Case of REDD*. Cambridge, Cambridge University Press.

Stern, Nicholas. 2007. *The Economics of Climate Change*. Cambridge, Cambridge University Press.

Van der Werf, Guido, Douglas C. Morton, Ruth S. DeFries, Jos G.J. Olivier, Prasad S. Kasibhatla, Robert B. Jackson, Jim Collatz, and James T. Ranaderson. 2009. "CO_2 Emissions from Forest Loss." *Nature Geoscience* 2: 737–738.

自反性治理

汤姆·戴德沃德（Tom Dedeurwaerdere）
天主教鲁汶大学，比利时

自反性治理是一种治理模式：多个监管框架的反馈产生了社会学习过程，从而影响主体的核心信念和规范（Dedeurwaerdere，2005；Voβ et al.，2006；Brousseau et al.，2012）。社会学习过程作为治理机制，与政治—行政层级体系和经济激励相辅相成。

自反性治理的两种主要模型用来补充传统的国家治理和市场治理模式，分别基于尤尔根·哈贝马斯（Jürgen Hubermas）和乌尔里希·贝克（Ulrich Beck）的开创性著作。哈贝马斯模型（1998）首次尝试在后传统社会的治理中，证明公民社会主体参与的正当性，民主合法性不再建立于国家层面的普遍传统，或某一社会阶层的归属感。相反，民主合法性经由社会学习过程而建立，国家和公民社会主体间公开参与关于集体价值和规范的争论。该理论影响了一些民主试验，如公民陪审团、与非政府组织进行协商（例如，在采用新规则前，欧盟的利益相关者协商）和全球民主政治（如利益相关者协商和联合国大会）。第一个模型的缺点是社会学习并不总是导致政治—行政层级体系采用新政。

第二个模型由乌尔里希·贝克在其《风险社会治理》著作里提出。根据贝克的说法（1992），为了应对可能导致不可预期的副作用的风险，效率和合法性规则的构建应包括所谓的亚政治，即非政府主体（包括社会运动）直接参与社会学习过程以解决集体行动问题，而不依赖于行政国家。

亚政治的实例有环境协会与商业和企业的直接谈判（见“私人机制”），以使共同行动或产品更具可持续性；土著人和当地社群代表参与国际研究联盟会议（如1988年贝伦民族植物学研究会议，在《生物多样性公约》里首次提出“事先知情同意”原则）。亚政治的重要力量是其对集体行动者的战略决策产生直接影响，不足是亚政治可能疏离更包容的议题和更广泛的社会群体。

从本文可以得出的关键一点就是，自反性治理不能仅仅归结为认知维度（例如，除去纯粹的认知方面，如为争论提供最好的诠释和透明度，价值和社会认同在社会学习中发挥重要作用）。相反，当面临前所未有的不可持续性问题时，必须把自反性治理作为重构我们核心集体价值和规范的社会和政治过程进行分析。

参考文献

Beck, Ulrich. 1992[1986]. *Risk Society*. London, Sage Publications.

Brousseau, Eric, Tom Dedeurwaerdere, and Bernd Siebenhüner (Eds.). 2012. *Reflexive Governance and Global Public Goods*. Cambridge, MA, MIT Press.

Dedeurwaerdere, Tom. 2005. "From Bioprospecting to Reflexive Governance." *Ecological Economics* 53(4): 473–491.

Habermas, Jürgen. 1998 [1992]. *Between Facts and Norms*. Cambridge, MA, MIT Press.

Voß, Jan-Peter, Dierk Bauknecht, and René Kemp. 2006. *Reflexive Governance for Sustainable Development*. Cheltenham, Edward Elgar.

机　　制

阿曼丁·奥尔西尼（Amandine Orsini）
圣路易斯大学·布鲁塞尔，比利时

让-弗雷德里克·莫林（Jean-Frédéric Morin）
布鲁塞尔自由大学，比利时

国际机制的概念不专门针对但经常用于国际环境治理的研究领域。基于斯蒂芬·克拉斯纳(Stephen Krasner)的定义，专家把环境机制定义为政府间制度，为应对由于过度利用(如渔业治理)和污染(如《气候变化框架公约》)导致的生态体系恶化形势而带来的社会实践、角色分配和治理交互。机制占据中介位置。它们由当前的社会结构所决定，包括权力分配或主流思想，但也引导和限制主体行为。

国际机制未必围绕政府间组织的正式协议。例如，没有一个政府间组织或多边条约致力于淡水问题，但由一系列隐规则构成的《跨界水资源框架公约》，诚然说明了主体期待。但是大部分机制由国际协议构成。条约谈判的演进方式存在路径依赖：从政治宣言到框架公约，到议定书、后续的附件和决定。

环境机制的研究始于20世纪80年代末。最初，学者关注机制建立的原因和条件。他们发现，科学和认知共同体机构在解释环境机制如《酸雨框架公约》《臭氧层框架公约》或《地中海框架公约》时发挥着重要作用。

20世纪90年代，当其他领域的学者把国际机制的概念抛给了批评者时，环境治理领域研究者努力用多种方式适应它(Vogler，2003)。第一，对于把机制分析视为功能主义的批评，环境学者证明“议题领域”是由社会和认知结构决定的。第二，作为对国家中心主义的指责的回应，全球环境治理专家仔细研究了非国家主体的参与和私人机制的发展。第三，针对机制理论偏好正面案例的论断，环境学者开发庞大的机制数据库以识别重复出现的模式(Breimeier et al., 2006),审视非制度以细化范围条件。

21世纪的前十年,环境学者为了评估机制的有效性,开发了概念工具、方法论工具。他们表明,机制对周边政权等产生多种影响。实际上,机制可能彼此相互碰撞、相互竞争,协同发展甚至融合发展。因此,自进入21世纪以来,机制分析家研究了不同机制之间的制度互动,即"机制组合"。这一概念宣告了全球环境治理领域里的机制分析的新时代。

参考文献

Breitmeier, Helmut, Arild Underdal, Oran R. Young, and Michael Zürn. 2006. *Analyzing International International Environmental Regimes: From Case Study to Database.* Cambridge, MA, MIT Press.

Vogler, John. 2003. "Taking Institutions Seriously: How Regime Analysis can be Relevant to Multilevel Environmental Governance." *Global Environmental Politics* 3(2): 25–39.

Young, Oran, Leslie L. King, and Heike Schroeder. 2008. *Institutions and Environmental Change: Principal Findings, Applications, and Research Frontiers.* Cambridge, MA, MIT Press.

区 域 治 理

汤姆·德尔鲁（Tom Delreux）
天主教鲁汶大学，比利时

在环境领域，“治理”指的是“处理环境集体问题、解决利益冲突的权威结构”（Elliott and Breslin，2011：3）。这一结构不仅运用于世界、国家或者地方尺度，而且应用于被叫作“区域治理”的区域尺度上。虽然不存在普遍接受的“区域”概念，但政治科学家认为，区域指的是地理邻近且相互依存的少数国家。

众所周知，区域治理是国际环境政治体系重要的组成部分。当国家和全球层面均不能恰当地处置特定环境问题时，区域层面也许可以提供介于两者之间的对策以有效应对挑战。由于环境利害问题的跨境性质，因而在国家或国际行动不充分的情况下，区域治理倡议的确有助于解决共同行动问题，而且区域治理通常出现在全球层面不能解决问题，或者全球环境治理陷入僵局的时候。一些环境多边协定遭遇的遵约和执行问题，不同机制间工作分配的模糊性以及环境峰会外交的疲劳，使得人们再次审视全球层面协商谈判的可行性问题，为区域治理打开大门（Conca，2012）。然而区域环境治理对全球倡议发挥了推动作用，还是阻碍作用，学者们尚未达成一致（Balsiger and Debarbiux，2011）。

除了建立跨政府网络，以及伙伴关系等公私部门权威结构的区域治理倡议之外，多数区域环境治理协议由国家签订。区域协议和区域组织是区域环境治理的两大工具。

一方面，区域环境协议是指国家间的环境事务协议，多数涉及生态学意义的地理区域，如流域、山脉、区域海。保护地中海免受污染的《巴塞罗那公约》就是区域海协议的一个例子。虽然没有关于区域环境协议总量的可靠统计数字，但总量一直持续稳定增长（Balsiger and VanDeveer，2012）。尽管单一事务的环境协议仍旧普遍，但许多区域经济组织采用了环境协议。例如，在北美，环境问题不仅可以在北美自由贸易协定内解决，也可以在专门的环境条约——北美环境合作协定（NAAEC）内解决。

另一方面，区域环境组织是经由国际协议创设的、由成员国组成的国际政府机构。区域环境组织在全球范围内随处可见，具有多种表现形式。例如，一些为解决环境问题而创设的区域环境组织，如多瑙河保护国际委员会（自 1998 年起实施）。而其他组织创设之初关注经济或安全一体化，后期逐渐开展环境领域活动，如欧盟、东南亚国家联盟（ASEAN）（Elliott and Breslin，2011）。

区域组织是环境政策的交流论坛，也是全球环境政治的行动者。

第一，区域组织，比如欧盟，或者较小范围的东南亚国家联盟，协调成员国的环境政策、实践。诸如东南亚国家联盟的区域组织的环境合作，以非强制协议、互不干涉内政和基于项目的合作为特征（Elliot，2012），而欧盟采用了一系列具有法律约束力的环境政策，对成员国的政策自治产生了深远影响。借由数以百计的环境法律条文，欧盟建立了世界上最稳固、最全面的区域环境监管框架，几乎覆盖所有环境事务，包括化学品、生物多样性、固体废弃物、噪声和气候变化（Jordan and Adelle，2013）。欧盟环境政策长期采用自上而下的监管方式，虽然成员国依然存在执行问题，但总体发展趋势是环境治理工具的自由化和柔性化。

第二，区域组织是全球环境协商的重要行动者。欧盟是最具代表性的例子。自 20 世纪 90 年代，欧盟在全球层面强有力地推进环境保护发挥了重要作用，批准了 60 余个多边环境协议。欧盟试图在多个机制和条约谈判中发挥领导者的作用。虽然欧盟的抱负远不止于该领域，但文献讨论最多的就是欧盟在《气候变化框架公约》谈判中的领导地位（Jordan et al.，2010）。欧盟的领导力于 2009 年哥本哈根气候变化大会上受到重创，尽管在后续会议上发挥了搭建桥梁和建立联盟的作用。学者们最近讨论：在何种程度上，欧盟依旧能够领导国际环境政治；在什么范围（条件）下，欧盟之类的区域组织能够发挥作用，影响全球谈判？

参考文献

Balsiger, Jörg and Bernard Debarbieux. 2011. "Major Challenges in Regional Environmental Governance Research and Practice." *Procedia Social and Behavioral Sciences* 14: 1–8.

Balsiger, Jörg and Stacy D. VanDeveer. 2012. "Navigating Regional Environmental Governance." *Global Environmental Politics* 12(3): 1–17.

Conca, Ken. 2012. "The Rise of the Region in Global Environmental Politics." *Global Environmental Politics* 12(3): 127–133.

Elliott, Lorraine. 2012. "ASEAN and Environmental Governance: Strategies of Regionalism in Southeast Asia." *Global Environmental Politics* 12(3): 38–57.

Elliott, Lorraine and Shaun Breslin (Eds.). 2011. *Comparative Environmental Regionalism*. London, Routledge.

Jordan, Andrew and Camilla Adelle (Eds.). 2013. *Environmental Policy in the EU: Actors, Institutions and Processes*, 3rd Edition. London, Routledge.

Jordan, Andrew, Dave Huitema, Harro van Asselt, Tim Rayner, and Frans Berkhout (Eds.). 2010. *Climate Change Policy in the European Union: Confronting the Dilemmas of Mitigation and Adaptation?* Cambridge, Cambridge University Press.

报　　告

克劳斯·丁沃斯（Klaus Dingwerth）
圣加仑大学，瑞士

随着环境政策制定日趋成熟，信息性政策工具与透明度不断发挥举足轻重的作用。作为此类工具之一，报告并不提出特定的环境绩效要求，而是要求提供环境绩效信息。报告的中心思想是，信息有利于目标（比如有助于识别目标的自身优势、劣势），也有利于各类利益主体根据环境绩效进行相应的奖励、制裁。

环境报告在政府间环境治理与跨国环境治理中均发挥了一定作用。在政府间层面，报告与环境绩效标准的监督、认证密切相关。它主要包括一些协议条款，要求成员国根据环境协议设定的目标报告遵约和执行情况。多数协议体系要求缔约方按照相对清晰和细致的报告模板，逐年向协议秘书处汇报。然而不同国家之间、不同协议体系之间的数据质量存在极大差异，不同国家报告的可证实程度也存在极大差异，而且国家报告极少应用于协议实体外，它们的功能只限于用来评价遵约和执行情况。

与跨政府层面不同，全球报告倡议组织（GRI）和碳信息披露项目（CDP）等跨国报告方案与明确的环境绩效标准无关。GRI 是一家多利益主体组织，它通过可持续报告指南来统一企业的可持续报告。自 2002 年建立起，GRI 经历了一段迅速、彻底的制度化历程。《联合国全球契约》、联合国环境规划署和可持续发展委员会的协作网络以及偶尔的政府支持，令提供 GRI 报告成了某些企业的强制性要求，GRI 在全球环境治理领域发挥着关键作用（Brown et al., 2009）。至 2013 年年中，大量大型跨国商业和企业组织根据 GRI 指南撰写非财务报告。然而由于独立认证是报告的可选项，因而学术研究注意到数据的有限品质问题（Hedberg and Malmborg, 2003），而且信息基础设施的商业化意味着报告里的环境信息主要以有利于市场主体的方式进行解释，尤其是有利于投资者的方式（Brown，2011；Dingwerth and Eichinger，2014）。

有利于投资者在CDP更为重要，300余家机构投资者要求注资企业提供温室气体排放报告（Kolk et al.，2008；Kim and Lyon，2011）。常规报告表明了投资者创建CDP的初衷，即过度的温室气体排放会给投资带来财政风险。这种财政风险既可以表示为过度排放导致的损害责任，也可以体现在严格排放目标带来的企业成本（见“审计”）。然而当讨论到为投资者和其他利益主体提供的当前碳报告的实际意义问题时，许多研究对CDP持批判态度，就像GRI一样。CDP经常被视作更强方案的创新起点，也被视作不具备现实可行性的象征性行动。

转向报告等信息性政策工具的趋势，把国家置于一个管理者的境地。国家的主要职能是利用强制性规则、信息基础设施和自愿报告的经济刺激，为“信息披露监管”设置核心参数（Hamilton，2005）。与此同时，环境报告已成为一个融合多个主体、多种利益的产业。

参考文献

Brown, Halina Szejnwald. 2011. “The Global Reporting Initiative.” In *Handbook of Transnational Governance*, Eds. Thomas N. Hale and David Held, 281–289. Oxford: Polity Press.

Brown, Halina Szejnwald, Martin de Jong, and Teodorina Lessidrenska. 2009. “The Rise of the Global Reporting Initiative: A Case of Institutional Entrepreneurship.” *Environmental Politics* 18(2): 182–200.

Dingwerth, Klaus and Margot Eichinger. 2014. “Tamed Transparency and the Global Reporting Initiative: The Role of Information Infrastructures.” In *Transparency in Global Environmental Governance*, Eds. Aarti Gupta and Michael Mason, 225–247. Cambridge, MA, MIT Press.

Hamilton, James. 2005. *Regulation through Revelation: The Origins, Politics, and Impacts of the Toxic Release Inventory Program*. Cambridge, Cambridge University Press.

Hedberg, Carl-Johan and Fredrik von Malmborg. 2003. “The Global Reporting Initiative and Corporate Sustainability Reporting in Swedish Companies.” *Corporate Social Responsibility and Environmental Management* 10(3): 153–164.

Kim, Eun-Hee and Thomas P. Lyon. 2011. “The Carbon Disclosure Project.” In *Handbook of Transnational Governance*, Eds. Thomas N. Hale and David Held, 213–218. Oxford, Polity Press.

Kolk, Ans, David Levy, and Jonatan Pinkse. 2008. "Corporate Responses in an Emerging Climate Regime: The Institutionalization and Commensuration of Carbon Disclosure." *European Accounting Review* 17(4): 719–745.

Wettestad, Jørgen. 2007. "Monitoring and Verification." In *Oxford Handbook of International Environmental Law*, Eds. Daniel Bodansky, Jutta Brunnée, and Ellen Hey, 974–994. Oxford: Oxford University Press.

风 险 社 会

乌尔里克·贝克(Ulrich Beck)
慕尼黑大学,德国

环境灾害,如切尔诺贝利事件、“9·11”事件,全球金融危机和气候变化,是由于现代性的成功导致的人为不确定性和不可估量的全球风险,它标志着21世纪初期的人类状态。总的来说,“(世界)风险社会”理论(Beck,1986,2009)被看作消解“第一”现代性的现代化动力学的一种激进形式。第一现代性——“经典的”或“崇高的”,与工业社会明确相关,表现为组织和行动的逻辑,包括建立人群与活动的细分,行动范围与生活方式的区别,有助于建立一个涵盖能力、责任与权限的明确的制度体系。今天,细分逻辑与明确性的局限性尤为显著。确定性的逻辑(人们可能会把第一现代性比喻为“牛顿”社会学和政治学理论)现在被模糊性的逻辑所取代——可以从社会和政治领域的一个新的“海森堡不确定性”来构想这种逻辑。

对于先进社会的制度,向第二现代性的转变势必带来建立行为和决策的新逻辑的挑战,它的方向不再是“非此即彼”,而是“兼收并蓄”。在不同领域——科学技术到国家经济,个体化的生活世界和社会结构上升到争议和冲突的水平,考虑到新的全球政治秩序——一件事情越来越明朗:对于第一现代性的制度所必备的区别、标准化、规范和角色系统,不再有效;甚至不能充分描述社会、民族国家、国家关系的当前状态。今天我们面对的现实是,公认的(或多或少的)多元化,在工作方式、家庭生活、生活方式、政治主权和一般的政治方面,我们处在(借助于社会科学当下流行的一个比喻)“流的时代”:资金流、文化流、人流、信息流和风险流。

边界的坍塌和风险的转移(Arnoldi,2009;Rosa et al.,2014)对社会科学具有基础意义,它帮助我们察觉到,社会学(历史学、政治科学、经济学、法学等)仍然深陷“方法论的民族主义”困境之中。方法论的民族主义基于如下假定，"现代社会"与"现代政治"等同于民族国家建立的社会和政治。国家被理解为社会的创建者、监管者和维护者。社会（其数量等于国家的数量）被理解为容器，在由国家权力确定的空间里产生和存续。

参考文献

Arnoldi, Jakob. 2009. *Risk: An Introduction*. Cambridge, Polity Press.
Beck, Ulrich. 1992 [1986]. *Risk Society: Towards a New Modernity*. London, Sage.
Beck, Ulrich. 2009. *World at Risk*. Cambridge, Polity Press.
Rosa, Eugene A., Ortwin Renn, and Aaron M. McCright. 2014. *The Risk Society Revisited: Social Theory and Governance*. Philadelphia, PA, Temple University Press.

尺　度

凯特·奥尼尔（Kate O'Neill）
加州大学伯克利分校，美国

全球环境治理(GEG)中的"尺度"概念有不同的界定方式。这一概念适用于治理的各个层次，通常是有管辖权的：本地、本国、区域和全球。在扩展意义上，获知现象和事件如何实现从微观(个人、社区)到宏观(区域或全球)层面的放大或显现。研究尺度的学者常常审视尺度间或跨尺度的垂直连接关系，以及尺度间的思想交流、政策运行和主体行为(与制度互动之类的水平连接关系相反)。一些学者也审视尺度的社会结构(Marston, 2000)。随着运转在各个尺度的机构的出现，以及对本地和区域知识、政治和团体在GEG中的发起、遵约和执行作用的日益关注，令尺度成为GEG领域里的一个重要概念(Andonova and Mitchell, 2010)。

一些重要实例可以说明尺度和垂直连接关系在当代全球环境治理中的重要程度。例如，市政府在气候治理过程中的作用，本地主体通过政府间网络直达全球尺度(Betsill and Bulkeley, 2006)。相反，在本地层面，执行化学品协议条款的区域中心是垂直连接跨管辖权层次的另一种方式(Selin, 2010)。REDD作为多层次治理机构，直接接触土著人和当地社群、商业和企业、国家和世界银行。对它的出现需要透过尺度视角进行理解，因为REDD倡议也可能跨越尺度产生扩散影响(Doherty and Schroeder, 2011)。在机制里融入原住民知识的例子，如《生物多样性公约》既关注思想和知识如何自下而上到达全球层面，也关注自上而下的流动(Jasanoff and Martello, 2004)。

尽管尺度概念通常难以确定和操作化，然而这一概念的提出和运用，促使学者更有效地与新一代全球环境治理倡议进行对话。我们当前面临日益复杂的环境问题，如气候变化、生物多样性和森林退化，就全面理解上述问题及其治理和社会经济影响而言，尺度和垂直连接发挥着极其重要的作用。它们揭示了跨国行动和政策制定的动力机制，解释了全球治理机构如何连接本地团体、行为者的现实问题。

参考文献

Andonova, Liliana B. and Ronald B. Mitchell. 2010. "The Rescaling of Global Environmental Politics." *Annual Review of Environment and Resources* 35: 255–282.

Betsill, Michele M. and Harriet Bulkeley. 2006. "Cities and the Multilevel Governance of Global Climate Change." *Global Governance* 12(2): 141–159.

Doherty, Emma and Heike Schroeder. 2011. "Forest Tenure and Multi-Level Governance in Avoiding Deforestation under REDD+." *Global Environmental Politics* 11(4): 66–88.

Jasanoff, Sheila and Marybeth Long Martello (Eds.). 2004. *Earthly Politics: Local and Global in Environmental Governance.* Cambridge, MA, MIT Press.

Marston, Sallie A. 2000. "The Social Construction of Scale." *Progress in Human Geography* 24(2): 219–242.

Selin, Henrik. 2010. *Global Governance of Hazardous Chemicals: Challenges of Multilevel Management.* Cambridge, MA, MIT Press.

稀缺性和冲突

亚历克西斯·卡尔斯（Alexis Carles）
布鲁塞尔自由大学，比利时

虽然大量研究质疑该因果推断，但是关于环境稀缺性导致洲际冲突的假定依然盛行。尽管已有个案研究和理论研究的成果，然而就“环境稀缺性是否能够触发冲突”这一问题，学术界依然没有形成定论。

关于两者因果关系的研究，最早可以追溯到马尔萨斯(Malthus)关于承载能力范式的著作。他预言，世界人口总量将在某一时间点超过食物供给水平，导致资源分配冲突。加勒特·哈丁(Garrett Hardin)于20世纪60年代末提出的公地悲剧理论，也预言在过度利用公共环境资源的情况下将发生环境冲突。在冷战的最后几年里，为了涵盖环境安全而重新界定了安全概念，现代争论也随之拉开了序幕。

政治科学家霍马-狄克逊(Homer-Dixon，1994，1999)是一位把环境安全与冲突联系起来的知名学者。他把环境稀缺性界定为“诸如耕地、森林、河流和鱼群之类的可再生资源稀缺”(1999：4)。遵循新马尔萨斯地缘政治学的实用主义方法，狄克逊认为环境稀缺性、共享资源方的紧张关系将触发后续的社会变化。根据霍马-狄克逊的理论，环境稀缺性包括三个维度：资源退化和耗竭(供给稀缺性)，不断提高的社会经济和人口需求(需求稀缺性)，以及资源的不公平分配(结构稀缺性)。上述稀缺性导致经济生产率的下降和移民数量的增加，最终产生民族、社会经济或政治冲突。霍马-狄克逊通过大量的案例研究表明，土地稀缺性遭遇洪灾，引发了20世纪80年代孟加拉国向印度的大规模移民，在更大范围里改写了民族关系、土地分配和权力关系。

针对新马尔萨斯主义假定的批评主要是其过分决定论的色彩。支持者们确实认为稀缺性必将发生。在该前提假设的基础上，他们倾向于忽视驱动环境资源管理的其他社会、经济关键变量，如市场机制、技术创新、替代性资源(Haas, 2002)。第一，忽视市场机制意味着新马尔萨斯主义不考虑价格变化，因而也不考虑社会对资源稀缺做出适应的可能性。近期太阳能、风能或生物能的迅猛发展既是煤炭、石油等传统能源的市场价格信号发挥作用的结果，也是环境问题备受全球关注的结果。第二，历史证明，人类面临稀缺性问题时会表现出创新性，无论通过开发新技术，或是利用替代资源。例如，滴灌技术(通过滴灌系统灌溉作物)为缺水地区节约了大量水资源。此外，光纤替代铜线(地线以及最新的卫星技术表明，即使某一资源曾被预言将在某一时刻消失，如铜于20世纪70年代)，也能因为创新替代而不断持续。

"丰饶论者"，或"资源乐观主义者"，在稀缺性里发现了国家合作的机遇，而非冲突。他们的理论假定与自由制度主义、新自由制度主义密切相关。他们认为，如果资源稀缺存在固有风险，那么人类宁愿合作，尤其是通过创设资源配置制度实现合作(Simon, 1998)。近期的理论和经验研究发现，区域、国际机构作为合作催化剂，为最小化环境稀缺对国际冲突的影响提供了一个机会窗口。应把稀缺性理解为共同利益，是创设跨界环境资源机制的动力因素，旨在协调行动者以实现理性双赢。基于跨界水资源框架公约合作而成立的南部非洲发展共同体(SADC)，是继欧盟之后最先进的区域整合组织。该区域的水资源分布呈现多样化，SADC的首个议定书就是关于共享水道系统。现今，SADC由26个不同领域(贸易、采矿、健康……)的议定书驱动。遵循这一立场，一些人认为，基于资源稀缺的合作促进了其他领域的深度合作。

多数实证研究是关于具体案例的定量分析。国际层面，尽管存在明显的合作趋势，但跨界水资源依然被视为最具风险的资源。少数案例研究的定量分析揭示，在特定情境下，水资源的稀缺会提高暴力冲突的发生概率，从而验证了霍马-狄克逊的发现(Hauge and Ellingsen, 1998)。其他研究说明了大家普遍把政治、社会经济因素视为冲突发生的重要解释变量。例如，泰森(Theisen et al., 2012)认为，相较于民族政治和经济边缘化等其他因素，干旱对非洲国内冲突的影响甚微。实际上，资源稀缺性和冲突的因果关系假设遇到的证伪次数超过了证实次数。哈斯进一步认为，"没有人在任何国际资源冲突中丧生"(2002：7)。

尽管观点不一，但多数学者认为，资源稀缺性有时加剧了社会政治张力(紧张程度)。当提及巴以水资源关系时，严重质疑资源战争的学者洛伊

(Lowi)认为,在资源极度短缺,且敌对双方高度依赖该资源的极端情况下将会爆发战争(Lowi, 1999: 385)。最后,对于一些学者而言,资源稀缺性可能是冲突的后果,而不是冲突的原因(见"军事冲突")。

参考文献

Haas, Peter M. 2002. "Constructing Environmental Conflicts from Resource Scarcity." *Global Environmental Politics* 2(1): 1–11.

Hauge, Wenche and Tanja Ellingsen. 1998. "Beyond Environmental Scarcity: Causal Pathways to Conflict." *Journal of Peace Research* 35(3): 299–317.

Homer-Dixon, Thomas F. 1994. "Environmental Scarcities and Violent Conflict: Evidence from Cases." *International Security* 19(1): 5–40.

Homer-Dixon, Thomas F. 1999. *Environment, Scarcity, and Violence.* Princeton, NJ, Princeton University Press.

Lowi, Miriam R. 1999. "Water and Conflict in the Middle East and South Asia: Are Environmental Issues and Security Issue Linked?" *The Journal of Environment Development* 8(4): 376–396.

Simon, Julian L. 1998. *The Ultimate Resource II: Peoples, Materials and Environment.* Princeton, NJ, Princeton University Press.

Theisen, Ole M., Holtermann Helge, and Halvard Buhaug. 2012. "Climate Wars? Assessing the Claim that Drought Breeds Conflict." *International Security* 36(3): 79–106.

情　　景

斯泰西·D.范德维尔（Stacy D. VanDeveer）
新罕布什尔大学，美国

西蒙内·普尔弗（Simone Pulver）
加州大学圣巴巴拉分校，美国

大多数社会科学方法被用来构建关于当前世界或过去世界的知识体系，而情景却是倾向于思考未来世界的一系列独特技术，常常肩负着在设想、理解和规划方面（公共部门、私人部门和公民社会）进行决策支持的使命。情景一般被界定为"关于未来如何发展的貌似合理的却富有挑战性的相关事件"，它融合了生物物理学的定量模型和社会政治趋势的定性事件链。定量模型要素确保内部一致性并设置结构性限制，如技术替代率的最大化，而叙事的事件链则包含社会急剧转型的可能性，如生态系统功能的重要变化。

情景技术最早出现于安全与商务领域（Raskin，2005），经过20年的发展，它们在环境政治、公共决策与社会学习领域的各个治理尺度中随处可见。政府间气候变化专门委员会（IPCC）（见"边界组织"）与千年生态系统评估情景是情景技术应用于全球环境领域的范例（Pulver and VanDeer，2009）（见"评估"）。决策者利用情景来设想未来（情景预测），确认到达理想未来的路径（情景倒推），评估所有未来状态决策的健壮性（Van Notten et al.，2003）。情景推演得到两类成效——归纳情景推演结果的最终产物，以及基于不同观点间对话的社会、组织学习过程。情景推演的重点非此即彼。例如，IPCC情景的首要目标是创造出能够对接其他气候变化与能源相关模型、情景与评估实践的一系列排放轨迹。在进行千年生态系统评估时，情景被用来把不同学科背景、部门背景、教育背景和（或）社会背景的人们汇聚在一起，来"思考"已确认的议题，并且通过情景的构建与结果产生的过程来探索学习的机会(O'Neill et al., 2008)。

尽管情景技术在全球环境治理领域中迅速扩散,但它们仍旧是一个相对未经检验的方法学。与已经明确局限性的纯定量模型实践不同(Craig et al., 2002),情景的应用和其对政策结果的影响的系统分析依然处于初期阶段。由情景技术生成的信息的可用性,如何表征与理解情景结果的不确定性,如何最好地构建情景过程,学者与实践者存在分歧。当前研究关注专家意见与事件链构建的结合,情景结果的相似度估计技术,作为知识过程与对象的政治和社会动力学,以及情景在决策领域的实际应用(Wright et al., 2013)。

参考文献

Craig, Paul, Ashok Gadgil, and Jonathan Koomey. 2002. "What Can History Teach Us? A Retrospective Examination of Long-Term Energy Forecasts for the United States." *Annual Review of Energy and the Environment* 27: 83–118.

O'Neill, Brian, Simone Pulver, Stacy VanDeveer, and Yaakov Garb. 2008. "Where Next with Global Environmental Scenario." *Environmental Research Letters* 3(4): 5–8.

Pulver, Simone and Stacy VanDeveer 2009. "'Thinking About Tomorrows': Scenarios, Global Environmental Politics, and Social Science Scholarship." *Global Environmental Politics* 9(2): 1–13.

Raskin, Paul 2005. "Global Scenarios in Historical Perspective." In *Ecosystems and Human Well-Being: Scenarios—Findings of the Scenarios Working Group Millennium Ecosystem Assessment Series*, Eds. Stephen Carpenter, Prabhu Pingali, Elena Bennett, and Monika Zurek, 35–44. Washington, Island Press.

Van Notten, Phillip, Jan Rotmans, Marjolein Van Asselt, and Dale Rothman. 2003. "An Updated Scenario Typology." *Futures* 35(5): 423–443.

Wright, George, George Cairns, and Ron Bradfield. 2013. "Scenario Methodology: New Developments in Theory and Practice." *Technological Forecasting and Social Change* 80(4): 561–565.

科　　学

蒂姆·福赛思（Tim Forsyth）
伦敦政治经济学院，英国

全球环境治理领域中的科学指的是环境问题的潜在知识。然而对于科学的主要政治争议来自其合法性和权威性。对多数环境学者而言，为了得到环境变化的政治中立认识，或者提供环境政策的可信证据，科学争论必须与政治争议划清界限(Pielke, 2007)。但是其他很多分析家(包括环境政策的支持者和反对者)认为，科学不是被政治利益滥用，就是受到政治与社会的影响。因此，许多分析家认为，必须令科学越来越透明，并且置于治理之下。这一要求也适用于进行科学研究的专家集团，如认知共同体、边界组织。

争论的核心主题是科学的确定性。许多环境分析家认为，环境政策应当建立在科学确定性的基础上来研究环境问题及人类活动的环境影响。有时，当因果关系不明确时，根据预先防范原则可以放松确定性标准，但是这种做法的潜在风险足以令人担忧。当受政治利益驱使时，确定性的科学陈述受到挑战，怀疑者援引了“迥然不同的科学”一词。例如，持气候变化怀疑论的全球变暖政策基金会，利用21世纪全球平均气温图来说明全球气温未出现全面上升。类似的主题，美国在世界贸易组织挑战欧盟，表明欧盟对转基因作物的进口限制应基于“正统科学”，而不是预先防范原则。

但是如果不提到科学和科学机构的可靠性和合法性，关于科学确定性的争论几乎不可能发生。2009年的“气候门”丑闻，气候变化怀疑者利用侵入东安格里亚大学气候研究中心获取的电子邮件，说明科学家为了维护全球气温上升的“曲棍球棒”图的提议(这一主张已被驳倒)而有意操纵数据。这一策略的目的是令人对气候变化科学家与政府间气候变化专家委员会的伦理和政治产生怀疑。但是环境政治科学家也认为，挑战环境科学的大部分信息受到保守派智库的影响，质疑其主张的精确程度(Jacques et al.，2008)。

因此，其他学者认为，关于全球环境治理领域的科学的争论，应全面考虑客观事实与规范价值的关系。例如，科学与技术的人文社会学研究(STS)学者认为，科学确定性指的不仅仅是统计趋势，还包括社会和政治力量对于数据收集和趋势解读的共识。相应地，STS研究学者分析了导致科学产生的社会条件、专家的感知状态和赋予科学合法性的组织。这一方法没有质疑环境变化的可能性，或管理人类行为的需要，但是它认为科学测量的目的、合法性与多元化的社会存在不一致(Hulme，2009)。科学与技术的人文社会学研究因而提出了两个重要问题：第一，当科学信息表现出普适和精确时，将会再现何种社会秩序的愿景？第二，当科学表现出政治中立或不出现在公开讨论中时，哪些关于自然环境管理的规范视角或观点会被排除在外？

利用气候变化排放的国家统计数据来说明当前气候变化政策的政治责任，就是一个重要的范例(见“情景”)。例如，印度智库(科学与环境中心)认为，仅仅比较排放的国家统计数据，忽视了人均使用、国家工业化进程的时间以及发达国家是否已经为了扩大农业用地而砍伐森林(Agarwal and Nariain，1991；Beck，2011)。

由于温室气体排放与国家发展水平或国际援助相关，因而关注大气温室气体浓度的气候模型忽视社会脆弱性与弹性的作用(Forsyth，2012)。言外之意是，风险或危机的“全球”表述有时低估了不同的社会与个人回应环境变化的多样性。因此，使用诸如曲棍球棒模型之类的气候变化模型或框架来说明风险普遍会把社会认同和行为的假定施加于不同社会，以不考虑风险体验差异或有损条约谈判的信任的方式，把模型假定强加于不同社会(Jasanoff and Martello，2004)。

所以分析家们讨论如何对科学与政策混合实体进行治理，如何对跨科学、政治领域进行科学评估。STS研究学者把“边界工作”视为科学呈现非政治的方式，因此不再出现于公开讨论中。然而地球系统科学家把边界工作视为科学家与公共决策者无偏见的互动方式。例如，IPCC，对于非同行评审来源的信息，被敦促着要求实现数据透明化、程序清晰化。

另一主题是评估中的社会参与，目的是令政治复杂环境问题的社会观点多元化，以期增加不同利益相关者的政策相关性(如《生物多样性公约》下的生态系统方法)。

参考文献

Agarwal, Anil and Narain S. 1991. *Global Warming in an Unequal World.* Delhi, Center for Science and Environment.

Beck, Silke. 2011. "Moving beyond the Linear Model of Expertise? IPCC and the Test of Adaptation." *Regional Environmental Change* 11(2): 297–306.

Committee to Review the Intergovernmental Panel on Climate Change. 2010. *Climate Change Assessments: Review of the Processes and Procedures of the IPCC.* Amsterdam, InterAcademy Council.

Forsyth, Tim. 2012. "Politicizing Environmental Science does not Mean Denying Climate Science nor Endorsing it Without Question." *Global Environmental Politics* 12(2): 18–23.

Hulme, Michael. 2009. *Why we Disagree about Climate Change: Understanding Controversy, Inaction and Opportunity.* Cambridge, Cambridge University Press.

Jacques, Peter, Riley E. Dunlap, and Mark Freeman. 2008. "The Organization of Denial: Conservative Think Tanks and Environmental Scepticism." *Environmental Politics* 17: 349–385.

Jasanoff, Sheila and Marybeth Martello. 2004. *Earthly Politics: Local and Global in Environmental Governance.* Cambridge, MA, MIT Press.

Pielke, Roger A. 2007. *The Honest Broker: Making Sense of Science in Policy and Politics.* Cambridge, Cambridge University Press.

秘　书　处

伯纳德·西尔本纳（Bernd Siebenhüner）
卡尔·冯·奥西埃茨基奥尔登堡大学，德国

几乎所有的国际环境协议都预设一个秘书处，以实现协议执行过程中的基本管理和某些执行职能（见“遵约和执行”）。秘书处组织各类会议，准备文件和记录，执行项目和方案。在全球环境治理领域，在强有力的世界环境组织缺位的情况下，秘书处的作用随处可见，然而实际的活动范围和对国际环境治理产生的相关影响存在差异。虽然有些秘书处仅有少数成员国，但是其他秘书处雇用了数以百计的国际公务员，例如《气候变化框架公约》秘书处。

比尔曼和西尔本纳提出，协议秘书处以跨国管理机构的形式存在，该形式可以界定为：

由政府或其他公共部门建立，具有一定程度的永久性和一致性，超越单一国家政府的正式直接控制（尽管通过政府集团由多边机制控制），在国际领域推行政策的机构（Biermann and Siebenhüner，2009：6）。

在多数情况下，协议秘书处作为跨国官僚机构具有如下特征：等级制国际公务员，既定权力，既定资源，边界清晰，在政策领域背景下的一系列正式规则和程序。

人们从不同途径来探讨协议秘书处的实际影响。例如，国际关系理论领域的政治现实主义把跨国官僚机构视作不同国家政府利益的衍生物，认为它几乎不存在独立影响。来自社会制度主义领域的最新研究发现，联合国主要机构的跨国官僚机构存在明显的自主权（Barnett and Finnemore，2004）。秘书处为谈判方和其他利益主体提供的专业技术和知识是其影响力的特别来源（Haas，1990）。由于跨国秘书处筹备、组织并且常常安排条约谈判，因而其他制度途径识别出它在培育国际协议和准则制度方面产生的影响力（Biermann and Sierbenhüner，2009）。对影响力的解释涉及如下方面：潜在环境问题的特征，如政治凸显性和能见度；经济激励结构，概念化为委托代理途径；相关人物。跨国官僚机构的行为者素质通常聚焦高管，如给官僚机构增添光彩的执行秘书长(Andresen and Agrawala, 2002)(见“有影响力的个人”)。就组织理论视角而言，组织文化、机构设置和执行过程决定诸如环境协议秘书处之类的跨国官僚机构的实效(Bauer et al., 2009)。

气候变化和生物多样性治理领域存在诸多实例。1992 年，《气候变化框架公约》和《生物多样性公约》授予秘书处以重要管理任务。《气候变化框架公约》被视为独立过程，秘书处只对各自的巴黎会议和联合国大会负责，而 CBD 过程依然在联合国环境规划署的正式管理之下。尽管实际绩效和影响力存在显著差异，但是两个附属秘书处的权力几乎相等(Bauer et al., 2009)。

位于波恩的气候秘书处于 1996 年正式成立，对气候领域的谈判过程发挥的影响力依然有限，其主要职能是把缔约方的政治协议转换为功能技术系统和程序。谈判进程中，缔约方需要秘书处提供共识文件和文本以发现所有谈判方的共同点。和其他秘书处一样，气候秘书处不愿提出自己的政治议程，谈判解决问题的过程也并不顺利。气候秘书处很少关注如何主导与公约相关的讨论，并且把自身限制在为利益相关者传递真实的、描述型信息的角色定位上。在此意义上，气候秘书处就是一个协议的技术管理者。

相反，位于蒙特利尔的生物多样性秘书处赢得了缔约方的良好声望，作为国际合作的可靠、公平的促进者而备受信任。政府、非政府组织由于其与秘书处共事的经历而改变行为。总的来说，生物多样性秘书处有助于组织更全面的谈判，因而促进公约的执行。由于它不主动干扰任何公约相关讨论，因而可以被视为环保主义促进者。

通过解释可以发现，差异在某种程度上要归因于问题结构，因为与其他国际环境协议相比，《气候变化框架公约》包含更大的风险。高风险促使缔约方通过限制的方式，极度警惕秘书处的行为，促使缔约方不予考虑秘书处的倡议。生物多样性秘书处影响力的重要来源是组织、概念专业知识，它通过提供详细信息和知识赢得了可信的声望。

参考文献

Andresen, Steinar and Shardul Agrawala. 2002. “Leaders, Pushers and Laggards in the Making of the Climate Regime.” Global Environmental Change 12(1): 41–51.

Barnett, Michael N. and Martha Finnemore. 2004. *Rules for the World: International Organizations in Global Politics*. Ithaca, NY, Cornell University Press.

Bauer, Steffen, Per-Olof Busch, and Bernd Siebenhüner. 2009. "Treaty Secretariats in Global Environmental Governance." In *International Organizations in Global Environmental Governance*, Eds. Frank Biermann, Bernd Siebenhüner, and Anna Schreyögg, 174–191. London, Routledge.

Biermann, Frank and Bernd Siebenhüner (Eds.). 2009. *Managers of Global Change: The Influence of International Environmental Bureaucracies*. Cambridge, MA, MIT Press.

Haas, Ernst B. 1990. *Where Knowledge is Power: Three Models of Change in International Organizations*. Berkeley, CA, University of California Press.

安　全

大田浩史（Hiroshi Ohta）
早稻田大学，日本

环境安全概念依然饱受争议。安全概念本身难以捉摸，可以从不同角度诠释。阿诺德·沃尔弗斯(Arnold Wolfers)对安全概念做出了简洁概括："所谓安全，从客观意义上来讲，是指所拥有的价值不存在现实的威胁，从主观意义上来说，是指不存在价值受到攻击的恐惧感"(Wolfers, 1962: 150)。20世纪70年代的两次石油危机，"冷战"的结束以及1992年的里约地球峰会，使得人们清楚地看到，军事力量不是保护经济、能源、食品和环境等既得利益的唯一手段。

根据沃尔弗斯的定义，丽塔·弗洛伊德(Rita Floyd, 2013)从认识论上，把环境安全研究分为两类：关于环境安全实践的实证研究与关于环境安全条件的规范研究。前者是实证主义的环境安全分析，研究聚焦于资源稀缺性(丰度)与尖锐冲突的因果关系(见"稀缺性与冲突")；后者是反思主义的环境安全批判研究，与生态安全、人类安全、气候安全等多种概念进行交互。

哥本哈根学派是第二类研究视角的范例(Buzan et al., 1998)。哥本哈根学派提出"安全化"的核心概念，以期超越传统的"安全"概念。这一概念对下列问题进行回应：谁对突发情境做出安全响应？谁(什么)是突发情境的受害主体(物体)？当"安全"概念与气候安全、人类安全等问题联系在一起时，如果这些问题被国家或国际相关共同体所接纳，那么这些问题将令政治超越既定规则，会被做出应急响应的特定政治形式所建构。然而气候安全与人类安全却未必显示出安全化的效果，发达国家的军事力量将是环境变化的安全化的最大受益人，特别是当发展中国家的"环境避难"被视为国内安全威胁时(Dalby, 2009)(见"移民")。在这个视角下，预防措施和基于风险社会逻辑的风险管理会是对环境安全的更合适的回应。

无论如何，考虑到人类与地球生态系统的关系，我们必须深入挖掘安全的含义。环境安全概念的怀疑者们强调军事暴力与环境灾害之间的区别。暴力是人类有意为之的，按理可以被集权的军事科层组织所阻止。然而环境退化具有一定的不可控性，需要国家、区域和全球尺度上的全员参与，以保护脆弱的生态系统。总而言之，环境安全是一个混乱的概念，隐含着对环境问题的不恰当的回应（Deudney，1999）。无论这个概念具有多大的不确定性，它向我们提出了一个终极问题，即"我们是谁"。

参考文献

Buzan, Barry, Ole Wæver, and Jaap de Wilde. 1998. *Security: A New Framework for Analysis*. Boulder, CO, Rienner.

Dalby, Simon. 2009. *Security and Environmental Change*. Cambridge, Polity.

Deudney, Daniel. 1999. "Environmental Security: A Critique." In *Contested Grounds: Security and Conflict in the New Environmental Politics*, Eds. Daniel H. Deudney and Richard A. Matthew, 187–222. Albany, NY, SUNY Press.

Floyd, Rita. 2013. "Analyst, Theory and Security: A New Framework for Understanding Environmental Security Studies." In *Environmental Security: Approaches and Issues*, Eds. Rita Floyd and Richard A. Matthew, 21–34. London, Routledge.

Wolfers, Arnold. 1962. *Discord and Collaboration: Essays on International Politics*. Baltimore, MD, Johns Hopkins University Press.

蒙　　羞

夏洛特·爱泼斯坦（Charlotte Epstein）
悉尼大学，澳大利亚

“蒙羞”指的是国际主体动用的一系列策略，旨在令国家以履行国际义务为荣，尤其就环保而言（见“遵约和执行”）。这一行为与国际体系里缺乏中央政治权威的无政府主义结构进行对话。实际上在缺乏全面实施机制的情况下，不可能强制行为者在和平的国际体系里采取一系列行动。但是，行为者可能会因感到羞愧而履行义务，例如避免物种灭绝（见“濒危野生动植物种国际贸易公约”）。人权与环境是蒙羞研究的主要问题。

蒙羞策略的目标对象包括国家、跨国商业和企业。例如制药公司从土著人和当地社群的基因资源中牟取暴利，在某一非政府组织联盟（NGOs）的反对生物剽窃运动中被授予胡克船长奖，从而成为众人关注的焦点。部署蒙羞策略的行为者包括 NGOs、国际组织和国家，它们利用国际论坛令其他国家感到羞愧而遵守国际规范。国际捕鲸委员会的年会就是一个范例。近 30 年来，这一反捕鲸国家联盟连同反捕鲸 NGOs，一直在寻求令日本蒙羞而自行中止商业捕鲸、科研捕鲸的办法。

在概念上，“蒙羞”既可以通过国际政治的理性主义，也可以通过建构主义进行分析。理性主义解释关注蒙羞策略的实际效果、受辱主体的成本（Lebovic and Voeten，2008）和国际合作的收益（Franklin，2008）。蒙羞，从声誉的利益分析和国家交互的未来效应的角度来看，必然进入新自由制度主义的合作分析领域（Hafner Burton，2008）。

然而只要蒙羞涉及遵约行为，强调规范的内在动力的建构主义解释就有用武之地。这里相继展开两条探究路线；如何展开蒙羞策略，以及什么令蒙羞策略成功。就第一点而言，蒙羞是国家“杠杆政治”的关键所在（Keck，Sikkink，1988），或者是国家融入国际规范的重要机制。在理解国家为何对杠杆做出实质性回应方面，第二点强调认同的作用。国家对蒙羞颇为敏感，是因为它会对国家的自我形象和自我认同造成道德伤害（Epstein and Barclay，2013）。

参考文献

Epstein, Charlotte and Kate Barclay. 2013. "Shaming to 'Green': Australia–Japan Relations and Whales and Tuna Compared." *International Relations of the Asia-Pacific* 13(1): 95–123.

Franklin, James C. 2008. "Shame on You: The Impact of Human Rights Criticism on Political Repression in Latin America." *International Studies Quarterly* 52(1): 187–211.

Hafner Burton, Emilie M. 2008. "Sticks and Stones: Naming and Shaming the Human Rights Enforcement Problem." *International Organization* 62(4): 689–716.

Keck, Margaret E. and Kathryn Sikkink. 1998. *Activists beyond Borders: Advocacy Networks in International Politics*. Ithaca, NY, Cornell University Press.

Lebovic, James H. and Erik Voeten. 2009. "The Cost of Shame: International Organizations and Foreign Aid in the Punishing of Human Rights Violators." *Journal of Peace Research* 46(1): 79–97.

主　　权

让-弗雷德里克·莫林（Jean-Freanric Morin）
布鲁塞尔自由大学，比利时

阿曼丁·奥尔西尼（Amandine Orsini）
圣路易斯大学 布鲁塞尔，比利时

世界环境与发展委员会上发表的《布伦特兰报告》指出："地球只有一个，但世界却不是。"(1987：27)各个国家分而治之，而生物圈却是一个整体。这一事实令环境政治成为一个反思主权原则的有趣例子。

在20世纪60年代的非殖民化进程中，发展中国家坚决要求控制本国的自然资源。其中许多国家怀疑西方世界的环境意图，担心这是一种新形式的殖民主义(见"批判政治经济学")。1962年，一些发展中国家大力倡导采纳联合国大会第1803号决议《关于自然资源永久主权的决议》，承认"各国享有根据本国国家利益自由处置本国自然财富和自然资源的不可剥夺的权利"。直至今日，发展中国家常常参照该原则，确保谈判文本与其保持一致(Conca，1994；Hochstetler et al.，2000)。

主权思想认为，一个国家拥有领土内完全的、排他性的最高权威，这与多数国际协议所秉承的"人类的共同关注"原则相对立。一些环保主义者，尤其在20世纪70年代和80年代，担心主权行为会妨碍环境保护。

沿着这个推理思路，有两种做法经常被视作限制主权和促成环境保护的手段。第一种做法是扩展人类的共同遗产。这将允许建立全球检察体系、全球税收体系，对历来处于国家主权下的资源进行管理。第二种做法是后威斯特代利亚秩序指出的增加非国家主体的权利，即非政府组织、商业和企业、认知共同体或土著人和当地社群的权利(Shadian，2010)。

但是，国家主权的至上性妨碍环境保护，这一观点并没有得到普遍认同。国际法已包括了有限主权原则，例如根据预先行动原则，一国不能以损害他国环境的方式利用本国领土。通过《斯德哥尔摩宣言》(1972)和《里约宣言》(1992)的峰会外交，预先行动原则获得政治认可，也获得了来自国际法庭的法律认可(Sands，1995)。

国家主权还受到国际公约的限制，国际公约通常以分配特定义务的方式限定主权(Schrijver，1997)。例如，《海洋法公约》把国家主权扩展到海岸200海里以内区域，但同时要求履行环境义务。这使得一些法律专家确信，“某些环境资源的国家主权并非专有，而是受托”(Sand，2004：48)。主权被视为一种公共托管形式，授权的同时需要接受特定义务和限制。

其他要求也为推进国家合作与联合行动创造了条件。例如，一些环境协议禁止与非缔约国交易。《蒙特利尔议定书》(见“臭氧层框架公约”)禁止从非缔约国进口损害臭氧层物质。《危险废物框架公约》禁止从非缔约国进口、出口有毒废物。因此，拥有喷雾剂生产、有毒废物处理工厂的国家十分热衷于遵守这些协议(DeSombre，2005)。全球范围内的相互依存防止单一国家的闭关自守。

随着时间的推移，主权似乎可以巩固环境合作。正如公地悲剧的建议，清晰的产权可以激励自然资源的保护和保育行为。例如，1992年的《生物多样性公约》和2010年的《名古屋议定书》，把基因资源置于国家主权之下，拒绝了1983年FAO于《关于植物基因资源的国际约定》中提出的共同遗产原则。国家现在能够通过主权控制生物多样性的获取，要求生物技术商业和企业因其利用国家基因资源而做出补偿。

可以说，从有效性的角度考虑，国家通常是实施和控制环境手段的最佳行动者。它们不仅能够实施监管、征收税款、提供补贴、设定教育项目，而且还具有政治和法律能力以应对自然资源损害。鱼类资源面临不可持续性捕捞问题，太空资源面临危险的过度污染问题，部分原因是这些资源缺乏国家主权。

主权究竟是环境保护的障碍还是环境保护的手段，通过概念分解也许能够有些头绪。凯伦·利特芬(1997)把主权分解为权威、控制与合法性。她认为国家沿着这些维度参与“主权协商”。例如，捆绑排放目标与绿色技术的国内产权将提高自主性，降低合法性，然而排放目标委托给国际认证科学实体(见“边界组织”)会提高合法性，降低自主性。这里不能把主权理解为绝对，因为它不断变化，是不断社会再定义的多维度概念(Conca，1994；Chayes and Chayes，1998；Hochstetler，2000)。

区分环境问题，也许有助于深入理解主权原则和环境保护之间的复杂互动。科学知识的质量(见"科学"),生态互联层次、国际机构的可用性、国家资源的类型影响加强了主权规范和主权维度之间的协商。有一种假设认为,本地资源保护得益于跨国主体和超国家主体的直接参与,而跨界资源则在行使国家主权情况下得到了更好的保护。

参考文献

Chayes, Abram and Antonia H. Chayes. 1998. *The New Sovereignty: Compliance with Treaties in International Regulatory Regimes*. Cambridge, MA, Harvard University Press.

Conca, Ken. 1994. "Rethinking the Ecology-Sovereignty Debate." *Millennium* 23(3): 701–711.

DeSombre, Elizabeth R. 2005. "Fishing under Flags of Convenience: Using Market Power to Increase Participation in International Regulation." *Global Environmental Politics* 5(4): 73–94.

Hochstetler, Kathryn, Ann Marie Clark, and Elisabeth J. Friedman. 2000. "Sovereignty in the Balance: Claims and Bargains at the UN Conference on the Environment, Human Rights, and Women." *International Studies Quarterly* 44(4): 591–614.

Litfin, Karen T. 1997. "Sovereignty in World Ecopolitics." *Mershon International Studies Review* 41(2): 167–204.

Sand, Peter H. 2004. "Sovereignty Bounded: Public Trusteeship for Common Pool Resources." *Global Environmental Politics* 4(1): 47–71.

Sands, Philippe. 1995. *Principles of International Environmental Law*. Manchester, Manchester University Press.

Schrijver, Nico. 1997. *Sovereignty over Natural Resources: Balancing Rights and Duties*. Cambridge, Cambridge University Press.

Shadian, Jessica, 2010. "From States to Polities: Reconceptualizing Sovereignty through Inuit Governance." *European Journal of International Relations* 16(3): 485–510.

United Nations World Commission on Environment and Development. 1987. *Our Common Future*. Oxford, Oxford University Press.

峰 会 外 交

阿里德·昂德达尔(Arild Underdal)
奥斯陆大学与国际气候和环境研究中心,挪威

在国际关系研究中,一般把"峰会"界定为国家领导或政府首脑(通常为总统或首相)出席的会议,以面对面的交流形式讨论问题(Dunn, 1996: 16f)。这一形式的会议历史悠久,但直至1950年,才首次由温斯顿·丘吉尔提出"峰会"概念。

丘吉尔用"峰会"特指大国领导协商重要的高级政治问题的(罕见)会议,比如第二次世界大战的战略部署与和平协议。在过去的三四十年里,峰会外交不断扩展,愈加制度化。最重要国家的领导人仍旧沿用排他的俱乐部性质的会议设置,尤其是G8和G20,但现在他们定期会晤,"俱乐部"规模不断增大,议程也日益多样化,而且国家或政府领导人会议已成为许多欧盟、非盟之类的区域性组织,以及亚太经合组织之类的论坛里不可或缺的组成部分(见"区域治理")。上述会议大多覆盖多重问题,但环境问题日益受到关注。

现今,两类主要峰会在环境治理中发挥重要却不同的作用。欧盟之类的区域性组织,以及G20之类的俱乐部性质论坛在对环境破坏行为的治理中发挥一定程度的重要作用。环保主义者可能认为在这些环境中举行的峰会只是侧重于促进经济增长和稳定的政策,而不是环境保护。然而如果我们根据环境结果评价峰会的重要性,那么关注经济问题的峰会往往是最具重要性的。欧盟通过直接参与环境政策制定及其独特的制度能力,进一步提升其重要性。

另一类重要峰会专门用于加强环境治理。此类峰会多数在联合国大会和机制的背景下进行。1972年斯德哥尔摩的人类环境会议、1992年里约的环境与发展会议、2002年约翰内斯堡的世界可持续发展峰会就是上述峰会

的典型例子。峰会的目标是广泛参与。会议设置历来由环境部门、机构、专家(通常形成认知共同体)和非政府组织主导。这些主体的共同之处在于,致力于实现环境价值,却无力干预人类危害环境行为。为了确保环境价值、环境政策能够进入其他政策领域,国家或政府领导人的积极参与就显得尤为重要。已有证据表明,领导人会议确实能为提升环境政策提供良机(见"有影响力的个人")。可持续发展委员会的此轮机构改革试图利用这些机会。但全球会议外交几乎不能为峰会预期的主导作用提供有利的会议设置,尤其是当前的大型集会,其议程不断扩展,附带活动层出不穷(Victor, 2011)。

首先,要关注峰会的积极的一面。第一,全球会议通常有助于提高关注度,设置政治议程,政府和利益相关者聚焦于同样的问题(Seyfang and Jordan, 2003)。如果会议包含一个重要国家的总统或首相参与的峰会,那么上述效果将会被进一步放大,甚至立竿见影。实际上,筹备峰会通常会导致某国政策和(或)其机构能力单方面提升(Meyer et al., 1997)。第二,峰会外交产生积极效应,尤其对于参会的领导人。峰会为环境部门、机构和NGOs提供影响政策的机会窗口(Seyfang and Jordan, 2002),峰会往往结束于某种联合宣言。第三,国家、政府领导人的积极参与提升峰会的集聚能力。领导人可以调整立场,综合考虑问题,并进行折中,而这些决定,普通大使、部长都无权做出。简而言之,在最理想的情况下,峰会外交能够打破僵局、达成协议,可获得全球环境治理的重要突破。

其次,要了解峰会外交存在的重大风险。第一,政治领导人出席全体会议,这提供了不同意识形态交锋的沃土。特别是在国家集团(南北)间完全不对称的领域里,领导人可以利用峰会争取国内支持。在这种情况下,可能会增加基本原则和信念相持不下的风险。第二,公众的殷切期待有时会促使领导人(过分)强调政绩。宣布远大目标,却未附上实施方案,是此类问题的通病(见"遵约和执行")。第三,为了不负众望,领导人严重依赖于低层次的参与。当参与不能提出协商一致的文本或清晰的政策时,领导人可能会退出或临场发挥(Jepsen, 2013)。第四,在老练外交官看来,峰会不可避免地包括错误放大的风险,这些风险是机构规则固有的风险。大使的错误可能会被上级纠正;总统、元首的命令可能会被议会驳回。

理论界(Susskind, 1994; Victor, 2011)和实践界(Tolba and Rummel-Bulska, 1998)由于种种原因,而对全球环境治理峰会的热情有所减退。

参考文献

Dunn, David H. 1996. *Diplomacy at the Highest Level.* Basingstoke, Macmillan.

Jepsen, Henrik. 2013. *"Nothing is Agreed until Everything is Agreed": Issue Linkage in the International Climate Change Negotiations.* Århus, Politica.

Meyer, John W., David J. Frank, Ann Hironaka, Evan Schofer, and Nancy Brandon Tuma. 1997. "The Structuring of a World Environmental Regime, 1870–1990." *International Organization* 51(4): 623–651.

Seyfang, Gill and Andrew Jordan. 2002. "The Johannesburg Summit and Sustainable Development: How Effective are Mega-Conferences?" In *Yearbook of International Co-operation on Environment and Development 2002–2003*, Eds. Stokke, Olav S., and Øystein B. Thommessen, 19–26. London, Earthscan.

Susskind, Lawrence E. 1994. *Environmental Diplomacy: Negotiating More Effective Global Agreements.* Oxford, Oxford University Press.

Tolba, Mostafa K. and Iwona Rummel-Bulska. 1998. *Global Environmental Diplomacy.* Cambridge, MA, MIT Press.

Victor, David G. 2011. *Global Warming Gridlock—Creating More Effective Strategies for Protecting the Planet.* Cambridge, Cambridge University Press.

可持续发展

埃德温·扎卡伊（Edwin Zaccai）
布鲁塞尔自由大学，比利时

1987年的《布伦特兰报告》把“可持续发展”定义为“既能满足当代人的需要，又不对后代满足其需要的能力构成危害的发展”（World Commission on Environment and Development，1987：43）。这是目前众所周知的定义，《世界自然资源保护大纲》最早使用过这一概念（IUCN et al.，1980）。《布伦特兰报告》由世界环境与发展委员会发布。该委员会是一个国际专家论坛，于1983年受联合国大会委托，定义一类新型全球发展模式，从而协调南北双方均须面对的环境和发展之间的关系。

相较于传统发展模式，可持续发展模式的最大特点是代际公平（见“正义”）。后代不仅包括下一代，还包括许多代，迫使人们跳出当前决策的时间框架而进行长远考虑。在遥远的未来，满足人们需求（优先考虑基本需求）的能力，不仅限于环境，还包括经济、社会和制度领域。《布伦特兰报告》的可持续发展路径承认环境利用的限度，但必须通过技术进步和社会公平处理限度问题。

关于全球治理，可持续发展论述中最具历史意义的一步，是联合国环境与发展会议（UNCED，Rio，1992），亦被称为地球峰会（见“峰会外交”）。会议于东西德统一后不久召开，承载重托。《里约宣言》包括著名的环境治理原则，如污染者付费原则、预先行动原则、预先防范原则，而且它包含一个宗旨，即主张共同但有区别的责任。

学术文献对可持续发展进行多种定义，经常模糊地描述该概念（Lélé，1991）。一般来说，总体目标由不同主体依据实情决定，不管它是较适用于工业国家的生态现代化（Mol et al.，2009），或农业国家的绿色发展模式（Adams，2008），还是较适用于以《21世纪议程》为旗帜的城镇或地区的本地项目。不论是哪种情况，都需重视概念的象征意义和政治意义。对概念达成共识，才能结成利益联盟。可以说，共识促成了商业和企业、发展中国家、经济发展机构、工会、环保组织对可持续发展会议和可持续发展机构的广泛参与。

生态学家或环境视角倾向于在扩大发展规模之前，重视生态限制，或领土的承载能力范式。例如，国际自然保护联盟、联合国环境规划署、世界自然基金会于1991年签署的《可持续生存战略》。世界自然基金会秉承环境视角，把可持续发展描述为"在不超出生态系统承载能力的条件下，提高人类的生活质量"。在实施可持续发展战略中，非政府组织往往强调公民参与的重要性，特别是本地参与(见"遵约和执行")。

自20世纪90年代中期，可持续发展概念体现在环境、社会、经济领域，作为在核心、规模、目标方面的平衡，被越来越多的人所理解。实践中，目标的平衡仍然有赖于使用的指标、选取的时间尺度、包含或排除的主体。目前编制了大量可持续发展的测量指标，如可持续经济福利指数(ISEW)、真实发展指数(GPI)。

从一开始，除了其他"双赢"目标外，可持续发展准则还为协调环境保护、商业和企业利益奠定了基础。《布伦特兰报告》中的《以少产多》一章，说明了环境—商业的并行关系。可持续发展工商理事会，世界可持续发展工商理事会(WBCSD)的前身，是一个由多家跨国公司组成的世界性组织，成立于里约会议前，旨在积极参与国际讨论，影响决策方向。20世纪90年代中期，它提出了大量企业可持续发展和企业社会责任间的联系方式。

对可持续发展感兴趣的经济学家区分了强、弱可持续性(Pearce，1993)。弱可持续性假定不同资本形式(如经济资本、自然资本、社会资本或文化资本等)之间具有可替代性。最常见的替代，就是自然资本的减少(如森林退化)以经济资本增长的形式得到补偿。在弱可持续性范式下，不论资本结构如何，只要存量资本总量增长，就是成功的发展。相反，强可持续性认为自然资本是关键，这意味着有限的替代性，以及不惜代价进行自然保护。

霍普伍德(Hopwood，2005)等提出了基于二维坐标的可持续发展观点分类方法。一个维度是技术解决方案的应用能力，为了解决环境问题或保护完整的环境。另一个维度是不平等或社会关注程度(见"正义")。(譬如在一幅图中，)经合组织、欧盟或生态现代化者在一边，相距不远，符合自由环境主义的可持续发展模式；另一边是环境正义或反资本主义运动，强调转型变革的可持续发展；中央是《布伦特兰报告》和主流环境组织等。

在可持续发展论证中颇具争议性的话题是经济增长与可持续发展的兼容性，已经详尽讨论数年(Jackson，2009)。一方面，一些生态经济学家认为，持续增长的发展路径在有限世界里不具有可持续性。因此，可持续发展，特别是可持续增长，是个自相矛盾的说法。另一方面，《布伦特兰报告》和许多学术论著把经济增长与发展划分为截然不同的两个阵营。考虑到平等和环境保护因素，只有在提高人们生活质量的前提下，经济增长才是令人满意的。虽然取得了一些进展，然而从未证实经济增长满足该前提条件，这致使可持续发展政策未产生实质影响力的批评声浪不断(Zaccai，2012)。

参考文献

Adams, Bill. 2008. *Green Development: Environment and Sustainability in a Developing World.* London, Routledge.

Hopwood, Bill, Mary Mellor, and Geoff O'Brian. 2005. "Sustainable Development: Mapping Different Approaches." *Sustainable Development* 13(1): 38–52.

IUCN, UNEP, WWF. 1980. *World Conservation Strategy: Living Resource Conservation for Sustainable Development.* Gland, IUCN.

IUCN, UNEP, WWF. 1991. *Caring for the Earth: A Strategy for Sustainable Living.* Gland, IUCN.

Jackson, Tim. 2009. *Prosperity without Growth.* London, Routledge.

Lélé, Sharachchandra. 1991. "Sustainable Development: A Critical Review." *World Development* 19(6): 607–621.

Mol, Arthur P.J., David A. Sonnefeld, and Gert Spaargaren (Eds.). 2009. *The Ecological Modernisation Reader: Environmental Reform in Theory and Practice.* London and New York, Routledge.

Pearce, David W. 1993. *Blueprint 3, Measuring Sustainable Development.* London, Earthscan.

United Nations World Commission on Environment and Development. 1987. *Our Common Future.* Oxford, Oxford University Press.

Zaccai, Edwin. 2012. "Over Two Decades in Pursuit of Sustainable Development: Influence, Transformation, Limits." *Environmental Development* 1(1): 79–90.

征　　税

伯纳德·P.赫伯（Bernard P. Herber）
亚利桑那大学，美国

征税不仅为政府提供财政收入，而且把外部性内化到价格体系，提高了经济效率（见“污染者付费原则”）。征税通常发生在主权国家内，但由于国际外部性问题的出现，因而技术进步和全球化令征税的国际重要性与日俱增。环境治理，外部性包括全球海洋的污染和全球大气的过度碳排放，后者导致全球变暖等破坏性气候变化后果。外部性规避市场定价问题，从而扭曲了经济效率。

碳税和碳市场（限量和交易）是经济学家用来减少碳排放的两类政策工具（Nordhaus，2007；Metcalf and Weisbach，2009；Aldy and Stavins，2012）（见“市场”）。碳税是一种消费税，征税对象通常是化石燃料的开采、分配，为经济生产和消费提供能源的同时排放碳量。碳税是一种庇古税，计入化石燃料的价格，使得污染成本“内化”为消耗燃料的经济物品的价格。

理想的碳税设计应是根据碳量设置税率，煤炭的税率最高，因为煤炭提供单位能量所消耗的碳量最高；石油的税率略低，因为石油提供单位能量所消耗的碳量低于煤炭；天然气最低。碳税直接切入气候变化问题的核心，减少碳排放。同时，财政收入可以用来倡导适应现有的气候变化，设立全球信托基金以解决全球碳税相关的国际分配问题。

征收碳税是一项艰巨任务（见“遵约和执行”）。相较于市场交易的“自由选择”属性，税收由于其“义务”属性，从来就不受欢迎。此外，碳税在超国家层面，即主权的真空地带，遇到更大的反对。通常利用国际协议来弥补这一空白，国家借由具有法律约束力的协议把主权委托给超国家实体。然而协议的决策制定却因为难以实行的一致同意投票规则而受阻（见“条约谈判”）。

倘若存在一个最高的“全球政治权威”，能对“全球地理空间”的气候变化外部性负责，那么由它征税是最理想的做法（Herber，1992）。否则，如果仅有一个或一些国家征收碳税，将会出现搭便车现象，甚至产生国家冲突。但是这个世界既不存在最高的全球政治实体，也不可能在可以预见的未来创设出一个。

尽管如此，即便运用有缺陷的协议机制，“次优”路径也能够建立一个实用的“事实”全球碳税（Cooper，2008；Silverstein，2010；Nordhaus，2011）。为了协调不同国家之间的碳税，协议把国家主权委托给一个超国家政府。这一超国家实体既可以是一个既存实体（如联合国），也可以是一个新设立的非主权超国家政府。由此产生的税收将对应于全球范围内的气候变化外部性。

尽管这样一个协议将招致相当大的反对，但是气候变化威胁的严重性（正如大多数全球气候科学家所表示的）需要强力措施。如果允许国家保留部分税收收入，那么碳税将更易得到认可。同时，政策框架已然存在于《气候变化框架公约》里。此外，这一政策的概念基础——人类的共同遗产宗旨是《海洋法公约》国际法的一部分。联合国的近期研究（2012）也为倡导全球碳税提供了强有力的支持。

参考文献

Aldy, Joseph and Robert Stavins. 2012. “The Promise and Problems of Pricing Carbon: Theory and Experience.” *Journal of Environment and Development* 21(2): 152–180.

Cooper, Richard. 2008. *The Case for Charges on Greenhouse Gas Emissions*. Discussion Paper 08–10, Harvard Project on International Climate Agreements. Cambridge, MA, Harvard Kennedy School.

Herber, Bernard. 1992. *International Environmental Taxation in the Absence of Sovereignty*. WP/92/104, Washington, International Monetary Fund.

Metcalf, Gilbert and David Weisbach. 2009. “The Design of a Carbon Tax.” *Harvard International Law Review* 33: 499–556.

Nordhaus, William. 2007. “To Tax or Not to Tax: Alternative Approaches to Slowing Global Warming.” *Review of Environmental Economics and Policy* 1(1): 26–44.

Nordhaus, William. 2011. “The Architecture of Climate Economics: Designing a Global Agreement on Global Warming.” *Bulletin of the Atomic Scientists* 67(1): 9–18.

Silverstein, David. 2010. *A Method to Finance a Global Climate Fund with a Harmonized Carbon Tax*. Munich Personal RePEc Archive, Paper No. 27121.

United Nations. 2012. *World Economic and Social Survey 2012: In Search of New Development Finance*. New York, United Nations.

技 术 转 让

乔安娜·I.刘易斯(Joanna I. Lewis)
乔治城大学,美国

达成环境目标通常需要运用特定技术,例如污染控制技术、低排放技术或节能技术。由于多数环境技术产生于发达国家,而为了实现全球环境目标却必须应用于发展中国家,因此这些技术必须从发达国家向发展中国家转让。尽管"南—南"技术转让概念也受到关注,但"南—北"技术转让是全球环境治理领域的主导现象。

技术转让与"技术跨越"概念紧密关联,即借助技术转让等手段实现的跨越某一代技术或某一发展阶段(Goldemberg, 1998)。这一概念在气候变化迁移领域中有着特殊意义,意味着发展中国家也许可以沿着更具可持续性、更低碳排放的发展路径,避免发达国家曾经历的排放密集型发展阶段(Watson and Sauter, 2011)。

政府、国际组织、研究机构或商业和企业的支持,促进了技术转让。技术转让的发生模式包括技术许可、并购、联合开发和外商直接投资。环境技术转让的障碍已被多个工业技术部门记录在案,从清洁能源汽车到二氧化硫洗涤剂(Taylor et al., 2003;Gallagher, 2006)。案例表明,没有附加"专门技术"或隐性知识可能有损技术转让的持久效力;"吸收能力",或者采用、管理和开发新技术的能力,是技术接收方充分实施有效的技术转让的重要指标(Davidson et al., 2000;Watson and Sauter, 2011)。

人们广泛考察了知识产权保护对技术转让产生的促进或阻碍作用。有证据表明,发展中国家强力的知识产权保护控制了盗用知识产权或模仿的风险,有助于发达国家以出口、外商直接投资和许可的形式对发展中国家进行技术转让(Hall and Helmers, 2010)。在某些情况下,包括当技术仍处于前商业化阶段,初始投资者未收回前期研发成本时,获得知识产权的高额成本阻碍技术转让。然而在其他情况下,知识产权并不是技术转让的障碍,获得知识产权的许可和其他费用极低(Lewis, 2013)。

为了帮助发展中国家履行义务,几乎所有多边环境协议都包括若干促进技术转让的条款。例如,《气候变化框架公约》《危险废弃物框架公约》《臭氧层框架公约》《生物多样性公约》均支持技术转让,全球环境基金也把技术转让列为核心目标。由于条约目标和技术类型的差异,因而不存在适用于多边环境协议下技术转让的通用框架。尽管大多数协议敦促发达国家向发展中国家进行技术转让,但多数情况下,特定义务却是模糊不清的,给遵约和执行提出了挑战(Shepherd, 2007)。

《蒙特利尔议定书》成员国设立的技术转让机制,旨在帮助发展中国家逐步淘汰消耗臭氧层物质,也许是迄今为止最为成功的例子(见“臭氧层框架公约”)。发达国家捐助的多边基金由发达国家和发展中国家共同管理,资助发展中国家逐步淘汰消耗臭氧层物质的履约行为。自 1991 年起,多边基金的投资超过 30 亿美元。虽然在《蒙特利尔议定书》下,多数成功的技术转让归功于对产业转型项目的直接基金资助,但基金也支持各种各样的技术援助、培训和能力建设活动,它们同样发挥重要作用。

由于气候变化问题的复杂性、气候变化缓解技术的广泛性以及巨额的成本投入,因而《气候变化框架公约》使用了一种不同于《蒙特利尔议定书》的技术转让路径。技术机制是《气候变化框架公约》下的技术转让谈判成果,它包含两个组成部分:技术执行委员会与气候技术中心和网络。上述实体的职责是促进技术转让,通过连接不同国家、地区的公私部门主体,推动培训、能力建设和国际合作伙伴关系。由于仍处于早期阶段,技术机制不足以支撑技术转让的规模,因而难以应对气候变化减缓和适应挑战。然而因为技术转让争论涉及公平、知识产权和财富转移的复杂选择,颇具政治色彩,所以技术机制也许是重要的一步。

参考文献

Davidson, Ogunlade, Bert Metz, and Sascha van Rooijen. 2000. *Methodological and Technological Issues in Technology Transfer, International Panel on Climate Change (IPCC)*. New York: Cambridge University Press.

Gallagher, Kelly. 2006. *China Shifts Gears: Automakers, Oil, Pollution, and Development*. Cambridge, MA, MIT Press.

Goldemberg, Jose. 1998. "Leapfrog Energy Technologies." *Energy Policy* 26(10): 729–741.

Hall, Bronwyn H. and Christian Helmers. 2010. *The Role of Patent Protection in (clean/green) Technology Transfer*. Working Paper 16323. Washington, National Bureau of Economic Research.

Lewis, Joanna I. 2013. *Green Innovation in China: China's Wind Power Industry and the Global Transition to a Low-Carbon Economy*. New York: Columbia University Press.

Shepherd, James. 2007. "The Future of Technology Transfer Under Multilateral Environmental Agreements." *Environmental Law Reporter* 37(7): 10547–10561.

Taylor, Margaret R., Edward S. Rubin, and David A. Hounshell. 2003. "Effect of Government Actions on Technological Innovation for SO_2 Control." *Environmental Science and Technology* 37(20): 4527–4534.

Watson, Jim, and Raphael Sauter. 2011. "Sustainable Innovation through Leapfrogging: A Review of the Evidence," *International Journal of Technology and Globalisation* 5(3/4): 170–189.

热 经 济 学

真弓浩三(Kozo Mayumi)
德岛大学,日本

热经济学通常指的是热力学在工程或社会经济系统方面的应用,目的在于提高能源效率、降低经济成本。热经济学概念应用于全球环境治理,既包括全球环境治理体系的热力学应用,也包括生态系统服务(含矿物资源)维持可持续发展的物质循环。弗雷德里克·索迪是第一批利用热经济学分析全球治理的学者之一,以区别生物财富(可用能量)和货币财富(Soddy,1926)。尼古拉斯·乔治斯库-罗根(Nicholas Georgescu-Roegen, 1971)把熵定律置于经济过程的焦点位置,从而扩展了索迪的研究。熵是不可用能量的常见指标。可用能量转化为不可用能量的过程是不可逆的:石油燃烧后,耗散的能量不可能恢复。乔治斯库-罗根声称,能量短缺和矿物资源稀缺最终将限制人类的生存(见"承载能力范式")。20 世纪 70 年代的石油危机、对于石油峰值的关注以及气候变化等因素触发了科学调查和关于如何为可持续性解决熵循环和物质循环问题的理论研究。为了在全球尺度上对能量质量进行定量评估,查理·霍尔(Charlie Hall, 1986)等提出了 EROI(能源投资回报)概念,最初弗雷德·科特雷尔(Fred Cottrell)把其界定为剩余能源(Cottrell, 1955)。EROI 是能源生产过程中的能源供应量与能源消耗量的比值。它表示燃料是能源净收益还是能源净损失。

另一方面,艾尔斯和克尼斯(Ayres and Kneese, 1969)提出的产业生态学,是热力学在全球尺度的应用分支之一。产业生态学强调热力学第一定律(能量与物质守恒)在经济过程中的重要性。在全球层面,产业生态学研究产业系统网络中的物质流、能量流。土田淳(Atsushi Tsuchida)研究了地球作为一个整体如何运转的问题(Tsuchida and Murota,1987)(见"盖亚理论")。地球是一个能量开放系统、物质封闭系统,描述地球因各种活动而释放耗散能到外太空的机制，将非常有意义。根据土田淳的描述，可以把地球视为一个大型热机，利用太阳与外空的温度差来推动。水蒸气比空气轻，因此，地球能够通过水循环、大气循环，把耗散热能有效释放到外太空。然而全球气候变化对这一重要机制造成威胁。

当把热经济学应用于实践时，至少会出现五个实际问题：第一，热经济学考量本身未必产生有用的科学信息。例如，㶲（最大有用功）不能作为基准值，因为环境状态持续变化，系统不断地进行状态跃迁。第二，仅根据EROI不足以判断燃料或能量源的优缺点，正如乔治斯库-罗根所强调的，热经济学也应同时考虑矿产资源和能源的作用。第三，应根据产业系统所在的位置，选择不同形式的能量载体，燃料、过程热、电（或农村的生物量）。第四，能量效率是热经济学系统的重要考虑因素，但是能量效率的上升并不一定导致社会经济系统能量载体总量的下降（杰文斯悖论）。第五，产业生态没有完全实现巴里·康芒纳（Barry Commoner，1997）所提出的生态的物质循环链（封闭的循环概念）。

参考文献

Ayres, Robert U. and Allen V. Kneese. 1969. "Production, Consumption, and Externalities." *American Economic Review* 59(3): 282–297.

Commoner, Barry. 1971. *The Closing Circle*. New York, Alfred A. Knopf.

Cottrell, Fred. 1955. *Energy and Society*. Westport, CT, Greenwood Press.

Georgescu-Roegen, Nicholas. 1971. *The Entropy Law and the Economic Process*. Cambridge, MA, Harvard University Press.

Hall, Charles A., Cleveland, Cutler, J., and Robert Kaufmann. 1986. *Energy and Resource Quality: The Ecology of the Economic Process*. New York, John Wiley.

Soddy, Frederick. 1926. *Wealth, Virtual Wealth and Debt*. London, George Allen & Unwin.

Tsuchida, Atsushi and Murota, Takeshi. 1987. "Fundamentals in the Entropy Theory of Ecocycle and Human Economy." In *Environmental Economics: The Analysis of a Major Interface*, Eds. G. Pillet and T. Murota, 11–35. Geneva, Leimgruber.

公 地 悲 剧

托马斯·福克（Thomas Falk）
马尔堡大学，德国

比约恩·沃兰（Björn Vollan）
因斯布鲁克大学，奥地利

迈克尔·柯克（Michael Kirk）
马尔堡大学，德国

“公地悲剧”是一种社会两难困境，群体成员各自做出理性决策而引发的自然资源耗竭，即使最终导致所有成员的福利损失。1968 年，加勒特·哈丁(Garrett Hardin)发表于《科学》上的论文提出了“公地悲剧”问题，他强调人口增长，尤其是由福利国家所致的人口增长，给自然资源带来的日益增大的压力(见“人口可持续性”)。根据哈丁的研究，发展需要在人类价值、道德观念、规则方面做出改变，而不是技术性解决对策。为了说明论证过程，他引入未有定论的牧场预言，一群牧民共同使用一块牧场，默认成员间不出现任何合作。牧民集体管理这块不受监管的牧地，每个牧民获取各自收益。同时，由放牧引发的草场退化负面后果，将由群体全部成员共同承担。试想一块有限的牧场，增加一头牛的边际效应由当前放牧的总量决定。太多的牛竞争草料将会导致奶牛的产奶量下降、体重下降，也影响生态恢复。由于存在消费的竞争性，因而每额外增加一头牛，就会对其他牛产生负的外部性。把这些部分效用成分相加，理性牧民得出结论，他只有一个明智之举：增加个人的放牧数量，且不断增加。这是每个共享公共牧地的理性牧民的结论，这就是公地悲剧(Hardin，1968；Townsend and Wilson，1987)。哈丁社会两难困境的例子也适用于对公共池塘资源的过度开采——例如渔场或森林，以及清洁空气等全球公共物品的维持、增进问题——这些社会两难困境反映了个人利益与社会利益的冲突形势。

奥斯特罗姆(Ostrom，2005)把公共池塘资源界定为资源系统，它的特点是：① 资源使用的高排他性；② 减损性。在一个未清晰界定边界、移动资源单位的大型资源系统里，比如流域或海洋系统，排他难以实现。减损性的程度表示个人资源利用行为对他人资源利用能力的影响。公共池塘资源与公共物品的区别是，公共物品的个人使用，不影响他人的利用（资源利用的低减损性）。物品属性对治理系统产生直接影响。大量全球自然资源，比如大气、生物多样性、海洋，根据奥斯特罗姆的定义，是公共池塘资源或公共物品。

针对哈丁观点的主要批评指出，他把公地（公共产权）错误地等同于公共池塘资源的开放获取状态。开放存取，指的是未做出产权安排或者未对个体使用者的关系做出监管制度安排（Gordon，1954）。然而开放存取在现实中非常少见，尽管海洋等全球自然资源在很大程度上具有存取的开放性。许多公共池塘资源由共有产权制度管理，资源的所有权交给用户集体。需要注意的是，公共池塘资源实际上可以由个人、群体或政府所有。尽管如此，在高排他成本的情况下，共有产权制度更有可能建立。

应用哈丁的错误解读，可以得出结论：所有稀缺的公地最终都将被过度使用，除非国家控制资源利用或者进行私人产权安排。因此，不管是监管资源使用的强国，还是一个试图通过把一头牛对其他牛造成的损失内化的方式来实现最优社会利用水平的独立个体，都会选择产权捆绑作为制度安排（Hardin，1968；Ophuls，1973）。个人土地产权在手，农民没有贮存牧草低于或超出承载能力的激励，农民会一直生产，直到边际生产成本等于市场定价（社会的理想状态）。

作为正统思路的回应，诺贝尔奖得主埃莉诺·奥斯特罗姆（Elinor Ostrom）与她的科研团队认为，在许多情况下，利用公地的人们可以避免过度开采（Ostrom，1990）。基于大量案例与经验研究，奥斯特罗姆发现当符合一定数量的"设计原则"时，人们可以避免陷入两难困境。共有产权制度是第三条治理道路，一个群体持有资源系统使用权，对非群体成员实现有效排他，因而避免公地悲剧，使得未来收益流向群体。正式制度和非正式制度，例如规章制度或传统社群规范，可以有效监管每个成员的资源利用行为，即使特定资源单位的个人产权通常不会赋予群体成员。

国家产权制度、私人产权制度、共有产权制度既有成功案例，也有失败案例（Ostrom，1990）。奥斯特罗姆（2007）强调，不存在一个本质上优于其他的治理制度，也不存在避免公地悲剧的万灵丹。查泰尔和阿格拉瓦（Chhatre and Agrawal，2008）分析了来自 9 个不同国家的 152 个森林跨度 15 年的数据，发现森林管理的成功与森林产权无关，最重要的是当地监管和执行。评估制度的成功概率时，关注交易成本极为重要，例如行动带来的可能结果的识别成本、谈判成本、监督与执行规则的成本。交易成本因自然、社会系统的属性不同而不同。

共有产权制度主要是在本地尺度上进行研究。有的观点怀疑本地层面的成功经验在多大程度上可以上升到全球公共物品层面(Berkes, 2006)。一种解决办法是把国家视为单一行为者。类似于本地层面,《蒙特利尔议定书》或CITES之类的自组织协定的达成是基于非正式战略,例如对遵约和执行的微妙的社会认同(Dietz et al., 2003)。当然也存在许多失败的协调案例。

难以想象,可以把一个经典的国家制度应用于全球层面,这需要一个握有垄断权力的全球权威。制裁的难度是国际协定的主要问题(Dietz et al., 2003)。然而通过国家主权,国家机制大力推进全球公共物品的治理,市场体系也得到广泛应用。市场理论上以最有效方式实现预设排放目标(Dietz et al., 2003)。同时,政策制定者需要意识到市场失灵的风险,比如发生濒危物种的身体部位交易时。

参考文献

Berkes, Fikret. 2006. "From Community-Based Resource Management to Complex Systems: The Scale Issue and Marine Commons." *Ecology and Society* 11(1): 45.

Chhatre, Ashwini and Arun Agrawal. 2008. "Forest Commons and Local Enforcement." *Proceedings of the National Academy of Sciences* 105(36): 13286–13291.

Dietz, Thomas, Elinor Ostrom, and Paul C. Stern. 2003. "The Struggle to Govern the Commons." *Science* 302(5652): 1907–1912.

Gordon, Scott H. 1954. "The Economic Theory of a Common-Property Resource: The Fishery." *The Journal of Political Economy* 62(2): 124–142.

Hardin, Garrett. 1968. "The Tragedy of the Commons." *Science* 162: 1243–1248.

Ophuls, William. 1973. "Leviathan or Oblivion?" In *Toward a Steady-State Economy*, Ed. Herman E. Daly, 215–230. San Francisco, CA, Freeman & Company.

Ostrom, Elinor. 1990. *Governing the Commons—The Evolution of Institutions for Collective Action*. Cambridge, Cambridge University Press.

Ostrom, Elinor. 2005. *Understanding Institutional Diversity*. Princeton, NJ, Princeton University Press.

Ostrom, Elinor. 2007. "A Diagnostic Approach for Going beyond Panaceas." *Proceedings of the National Academy of Science* 104(39): 15181–15187.

Townsend, Ralph and James A. Wilson. 1987. "An Economic View of the Tragedy of the Commons." In *The Question of the Commons: The Culture and Ecology of Communal Resources*, Eds. B.J. MacCay and J.M. Acheson, 311–326. Tucson, AZ, University of Arizona Press.

跨界大气污染框架公约

德尔芬·米松（Delphine Misonne）
布鲁塞尔圣路易斯大学，比利时

《远距离跨界大气污染框架公约》，又称《日内瓦公约》，源于抗击酸雨的需要。这是一个典型的框架公约，允许在框架内签订针对具体问题的议定书（见“条约谈判”）。

1979 年，自联合国欧洲经济委员会主持签署的那一刻起，公约便创造了历史。这是第一部解决跨境空气污染问题的多边条约，第一个处理东西环境事务的协议（Fraenkel，1989）。与之相反的是，公约的义务弱化问题引人担忧（Birnie et al.，2009），除了象征意义之外的可能影响也受到人们的质疑（Wetstione and Rosencranz，1984）。

公约签订了 8 项议定书，拥有 51 个缔约国，均处于联合国欧洲经济委员会地区，从北美到中亚，包括欧洲。公约对《欧盟法》等其他区域机制产生了相当影响。

公约的优势在于合作机制，通过建立环境污染问题的知识交流、政策工具创新的决定性论坛，推动学界与政界就跨国空气污染问题进行对话（Wettestad，2002）（见“科学”）。科学技术与政策实施相结合，要求缔约国承担基于本国生态系统承载能力的有差别的国家义务（Lidskog and Sundqvist，2011），令“临界负荷”成为核心概念。临界负荷指的是一种或多种污染物暴露的定量估计值，当低于这个负荷时，对环境的特定敏感部分不会造成显著有害的影响。大气污染监测及评估模型，包括地区酸化信息系统（RAINS）模型，在公约中发挥关键作用，充分展示了公约对科学的高度依赖（Tuinstra et al.，2006）（见“评估”）。

公约的关注点从最初的酸沉降（《赫尔辛基议定书》）、单一污染物（二氧化硫），迅速转向其他污染物、其他环境后果。1999 年，以控制酸化、富营养化、近地面臭氧的排放为目标的《哥德堡议定书》开辟新天地，它支持多污染物、多部门协同方法，引入“国家排放上限”概念，确定缔约方在一个自然年度里以千吨为单位的排放最大值，考虑到本国境内实现履约义务最合适、最经济的方法，为缔约方留出很大的自主治理空间。

框架公约一度被表述为目标宏伟、复杂精妙，但这使得空气污染工作日益复杂，以至于仅有少数专家能够理解其机制（Lidskon and Sundqvist，2011）。给政府当局留下的重要自治空间，并没有令国家更易于遵约和执行。2010 年的排放总量上限并未完全实现。2012 年，新修订的《议定书》包括 2020 年将实现的“国家减排承诺”。

参考文献

Birnie, Patricia, Alan Boyle, and Catherine Redgwell. 2009. *International Law and the Environment*. Oxford, Oxford University Press.

Fraenkel, Amy. 1989. “The Convention on Long-Range Transboundary Air Pollution: Meeting the Challenge of International Cooperation.” *Harvard International Law Journal* 30(2): 447–476.

Lidskog, Rolf, and Göran Sundqvist. 2011. *Governing the Air*. Cambridge, MA, MIT Press.

Tuinstra, Willemijn, Hordijk, Leen, and Carolien Kroeze. 2006. “Moving Boundaries in Transboundary Air Pollution Co-Production of Science and Policy under the Convention on Long Range Transboundary Air Pollution.” *Global Environmental Change* 16(4): 349–363.

Wetstone, Gregory and Armin Rosencranz. 1984. “Transboundary Air Pollution: The Search for an International Response.” *Harvard Environmental Law Review* 89, 100–106.

Wettestad, Jørgen, 2002. *Clearing the Air: European Advances in Tackling Acid Rain and Atmospheric Pollution*. Aldershot, Ashgate.

跨界水资源框架公约

施劳密·迪纳尔（Shlomi Dinar）
佛罗里达国际大学，美国

专家学者、决策者、世界杰出人物早已预言，下一场战争极有可能为水资源战争。水资源不仅是满足人类需求的必需品，而且日益稀缺，它在自然界中分布不均衡，通常跨越国界。跨界淡水指的是湖泊、河流等水体横跨两个或两个以上国家，因此造成资源分配与管理的冲突（见“安全与冲突”）。虽然存在大量关于共享水资源的军事争端，但最近一次的战争发生在4 500年前的拉姆什城邦与乌玛城邦，即现在的伊拉克底格里斯河流域（Wolf and Hamner，2000）。

就水资源政治而言，最令人印象深刻的历史是以国际水资源协定形式展现的合作史（见“区域治理”），但这并不表示过去不存在非暴力冲突。从欧洲（莱茵盆地）到亚洲（印度河盆地），关于污染和单边堤坝项目的政治争端的例子比比皆是。即使订立大量协定，也不意味着合作进展得一帆风顺。有学者指出，军事力量差异是导致不平等与战略操纵的原因（Zeitoun and Warner，2006），而其他研究者则强调水资源协作与治理的替代形式，例如专家网络、社会运动、国际法律原则（Conca，2005）。国家间协定的数量众多，基于条约形成的合作（防洪、水力发电等治理事务）令人瞩目，这意味着水资源冲突的原因也可以用来解释跨国合作。在这一背景下，研究涉及合作动机（Dinar，2008），往往在协议中约定，包括关联性议题和补偿支付（见“服务与污染者付费原则”）。

水政治文献拥有丰富的案例研究：数量不胜枚举，覆盖了几乎世界上每个地区和主要河流盆地（Elhance，1999）。最近大样本（或定量）研究数量激增，许多出版物利用上述案例研究问题提出的理论来检验更具普适性的假设。例如，水资源安全被认定为一个重要变量。冲突研究学者发现了关于稀缺性的不确定结果；国家间军事冲突研究学者发现，有证据表明低平均降雨量国家将冒更大的风险（Gleditsch et al.，2006；Hensel et al.，2006）。合作研究发现了一个更可靠的结论，即水资源稀缺性促进国际正式合作（Tir and Ackerman，2009）。不过极高安全水平（极低稀缺程度）导致合作数量减少（Dinar et al.，2011）。这些定量研究也考察了社会政治、经济和地理因素等其他变量（Dinar et al.，2013）。

考虑到气候变化对国际河流带来的影响，研究者转向调查水的变异性、洪水和干旱的影响（见“灾害”）。一些研究者认为，环境影响对社会产生负面影响（Chellaney，2011）。然而考虑到治理盆地的条约和条约要素是制度能力的体现，其他研究者关注流域国家适应气候变化影响的能力（Drieschova et al.，2008）。后者结合气候变化与不稳定性研究认为，尽管水资源合作史源远流长，但是全球变暖将潜在破坏国家间的水关系，特别是在缺乏处理突变的制度能力的情况下（De Stefano et al.，2012）。围绕水资源等共享资源的争端与冲突，可能反过来导致其他政治领域的不稳定。

参考文献

Chellaney, Brahma. 2011. *Water: Asia's New Battleground.* Washington, DC, Georgetown University Press.

Conca, Ken. 2005. *Governing Water: Contentious Transnational Politics and Global Institution Building.* Cambridge, MA, MIT Press.

De Stefano, Lucia, James Duncan, Shlomi Dinar, Kerstin Stahl, Kenneth Strezepek, and Aaron T. Wolf. 2012. "Climate Change and the Institutional Resilience of International Rivers Basins." *Journal of Peace Research* 49(1): 193–209.

Dinar, Ariel, Shlomi Dinar, Stephen McCaffrey, and Daene McKinney. 2013. *Bridges over Water: Understanding Transboundary Water Conflict, Negotiation, and Cooperation.* Singapore, World Scientific.

Dinar, Shlomi. 2008. *International Water Treaties: Negotiation and Cooperation along Transboundary Rivers.* London, Routledge.

Dinar, Shlomi, Ariel Dinar, and Pradeep Kurukulasuriya. 2011. "Scarcity and Cooperation along International Rivers." *International Studies Quarterly* 55(3): 809–833.

Drieschova, Alena, Mark Giordano, and Itay Fischhendler. 2008. "Governance Mechanisms to Address Flow Variability in Water Treaties." *Global Environmental Change* 18(2): 285–295.

Elhance, Arun. 1999. *Hydropolitics in the 3rd World: Conflict and Cooperation in International River Basins*. Washington, United States Institute of Peace Press.

Gleditsch, Nils Petter, Kathryn Furlong, Håvard Hegre, Bethany Lacina, and Taylor Owen. 2006. "Conflict over Shared Rivers: Resource Scarcity or Fuzzy Boundaries." *Political Geography* 25(4): 361–382.

Hensel, Paul, Sara McLaughlin Mitchell, and Thomas Sowers. 2006. "Conflict Management of Riparian Disputes." *Political Geography* 25(4): 383–411.

Tir, Jaroslav and John Ackerman. 2009. "Politics of Formalized River Cooperation." *Journal of Peace Research* 46(5): 623–640.

Wolf, Aaron and Jesse Hamner. 2000. "Trends in Transboundary Water Disputes and Dispute Resolution." In *Water for Peace in the Middle East and Southern Africa*, Ed. Green Cross International, 55–66. Geneva, Green Cross International.

Zeitoun, Mark and Jerown Warner. 2006. "Hydro-hegemony: A Framework of Analysis of Transboundary Water Conflicts." *Water Policy* 8(5): 435–460.

跨政府网络

哈莉特·巴尔克利（Harriet Bulkeley）
杜伦大学，英国

随着全球环境治理研究突破了机制局限，学者转而寻求关于跨国治理的部署、协作的另一条理解之道。实现跨国治理，不仅可以借由私人机制、商业和企业与非政府组织的伙伴关系，而且还能通过国家主体构成的跨国行动网络——跨政府网络。

跨政府主义于20世纪90年代作为“新世界秩序”思潮的中心再次盛行(Slaughter，1997)。施劳特(Slaughter，1997)认为，伴随着不断增加的全球挑战，国家的解体(瓦解)旨在创建跨政府网络密集网，反而为治理主体提供了更具弹性更有效的解决方案。因此，一些人认为，“现代跨国合作不再是国家之间的合作，而是互不关联的(国家)政府专门机构之间的合作”(Raustiala，2002：3)。

令人费解的是，关于跨政府网络在全球环境治理中发挥的作用却鲜有研究。拜克斯特朗(Bäckstrand，2008：91)发现，网罗了气候变化领域政府专门机构的跨政府网络“以政府间自愿协议为代表，包括清洁技术、再生能源、洁净煤与碳封存”(见“气候变化框架公约”)。巴尔克利等(2012)发现，这些网络在跨国气候治理领域中相对少见。这意味着，至少在气候变化领域，由民族国家主体构成的网络仅存在于机制里，国家主体通常与其他非政府主体合作，跨政府网络相对少见。相反，在区域层面，包括欧盟(Martens，2008)和东南亚国家联盟在内(Elliot，2012)，研究者发现，跨政府网络活跃于一系列环境政策领域。

虽然“跨政府”概念最初是用来分析国家层面的政府机构及其跨界活动，但同样适用于地方政府机构组成的网络(Bäckstrand，2008)(见“尺度”)。自20世纪90年代初，研究者证实了大量地方政府(地区和省市)间网络已积极行动,以应对气候变化(Betsill and Bulkeley, 2006; Kern and Bulkeley, 2009)。此类跨政府网络是动员地方行动的重要力量,因为它们可以带来共同目的、政治支持、知识获取和最佳经验。在某些情况下,跨政府网络也提供制定和利用具体政策和工具的手段(方式),以及获得经济资源的机会。近20年,此类网络的数量增加,成员呈现多元化趋势。与此同时,网络虽然协作,但亦希望彼此相互区别。这导致了城市、区域内部或城市、区域之间的跨政府网络的复杂"生态"。虽然这些网络主要出现在气候变化领域,解决气候变化问题的广泛方式意味着大量城市的发展挑战(贫穷和发展、空气污染、交通运输、能源稀缺)今天已不再由当地政府或本国政府治理,而是经由跨政府网络治理。

参考文献

Bäckstrand, Karin. 2008. "Accountability of Networked Climate Governance: The Rise of Transnational Climate Partnerships." *Global Environmental Politics* 8(3): 74–102.

Betsill, Michele M. and Harriet Bulkeley. 2006. "Cities and the Multilevel Governance of Global Climate Change." *Global Governance* 12(2): 141–159.

Bulkeley, Harriet, Liliana Andonova, Karin Bäckstrand, Michele Betsill, Harriet Bulkeley, Daniel Compagnon, Rosaleen Duffy, Matthew Hoffmann, Ans Kolk, David Levy, Tory Milledge, Peter Newell, Matthew Paterson, Philipp Pattberg, and Stacy VanDeveer. 2012. "Governing Climate Change Transnationally: Assessing the Evidence from a Database of Sixty Initiatives." *Environment and Planning C: Government and Policy* 30(4): 591–612.

Elliot, Lorraine. 2012. "ASEAN and Environmental Governance: Strategies of Regionalism in Southeast Asia." *Global Environmental Politics* 12(3): 38–57.

Kern, Kristin and Harriet Bulkeley. 2009. "Cities, Europeanization and Multi-level Governance: Governing Climate Change through Transnational Municipal Networks." *Journal of Common Market Studies* 47(2): 309–332.

Martens, Maria. 2008. "Administrative Integration through the Back Door? The Role and Influence of the European Commission in Transgovernmental Networks within the Environmental Policy Field." *Journal of European Integration* 30(5): 635–651.

Raustiala, Kal. 2002. "The Architecture of International Cooperation: Transgovernmental Networks and the Future of International Law." *Virginia Journal of International Law* 43(1): 2–92.

Slaughter, Anne-Marie. 1997. "The Real New World Order." *Foreign Affairs* 76(5): 183–197.

跨 国 犯 罪

洛兰·埃利奥特(Lorraine Elliott)
澳大利亚国立大学,澳大利亚

跨国环境犯罪(TEC)(跨境犯罪集团猖獗发展的领域之一,个人和私人机构),通过暴力获取被多边环境协定或各国刑事规定所禁止或规制的非法收益。其中包括贩卖非法木材、走私濒危物种、非法交易消耗臭氧层物质、跨界倾销有毒有害废弃物、非法开发海洋生物资源(Banks et al., 2008; UNODC, 2010: 149 - 169; Interpol, 2012)。这类罪行的严重性体现在:① 环境后果;② 暴力、腐败、交叉犯罪(如洗钱);③ 破坏本地、本国和世界的法律和善治规则(Elliott, 2012)。

与其他形式的跨国犯罪一样,TEC 挑战了传统假定。传统假定认为,犯罪活动通过等级森严的卡特尔和黑手党性质组织运作,然而跨国环境犯罪借助网络结构的运作优势秘密进行,灵活、分散,"不宜适用死刑,更加难以遏制"(Williams, 2001: 73)。多数跨国环境犯罪参与特定物资的走私网络,但也包括从事其他非法行为的犯罪集团。在一些情况下,TEC 为民兵组织等政治组织提供资金支持。例如,在美国出资方的支持下,非法贩卖的木材从刚果盆地出发,运往布隆迪、卢旺达与乌干达,然后出口至欧盟、中东和亚洲国家,通常伴有民兵组织的参与(Nellerman, 2012: 6)。

TEC 的全球治理(见"制度互动和尺度")形成了多级治理网络,以机构与政府当局的协同为特征。没有一个跨国条约可以有针对性地预防、镇压、惩罚此类构成跨境环境犯罪的非法交易与走私行为。现有的跨国犯罪协定,如 2000 年的《联合国打击跨国有组织犯罪公约》、2003 年的《联合国反腐败公约》,很少关注环境犯罪;重要的多边环境协定(如 CITES、《臭氧层框架公约》与《危险废物框架公约》)可以用来加强环境保护,而非解决跨国犯罪问题。

自从这些多边环境协定出台后，缔约国开始更加严肃地对待非法贸易与共同犯罪活动。针对跨境犯罪的机构，例如《联合国反腐败公约》、国际刑警、联合国毒品和犯罪问题办公室，在各自议程里更凸显 TEC 的重要性。现在全球治理的一个主要议题就是“网络威胁（含 TEC）需要网络回应”（Slaughter，2004：160）或联合国环境规划署（UNEP，2002）所提出的网络重要性，但是在寻求解决 TEC 问题的有效政策和操作性对策时，这一观点尚未得到充分验证。多边核心需要辅以区域层面的跨机构安排（例如野生动植物执法网络，见“区域治理”）以及多边环境协定（MEA）秘书处与国际组织（例如，成立于 2010 年的国际打击野生动植物犯罪同盟，作为 CITES、国际刑警、世界海关组织、世界银行和联合国毒品和犯罪问题办公室，为国家、区域野生动植物执法提供支持的合作安排）的正式、非正式伙伴关系。TEC 也提供了一个新视角，以审视超越国家的机构的现代形式和非政府组织的作用。NGOs 的介入，政府、跨政府组织之间的协作与知识网络安排，扩展了认知共同体的边界。NGOs 也采取秘密行动、收集犯罪情报，承担了政府的分内职责（环境调查署，2013）。这种做法不仅挑战了环境治理是国家基本责任的预期，而且也质疑了全球治理的中央集权模式。

参考文献

Banks, Debbie, Charlotte Davies, Justin Gosling, Julian Newman, Mary Rice, and Fionnuala Walravens. 2008. *Environmental Crime: A Threat to our Future*. London, Environmental Investigation Agency.

Elliott, Lorraine. 2012. “Fighting Transnational Environmental Crime.” *Journal of International Affairs* 66(1): 87–104.

Environmental Investigation Agency. 2013. *Hidden in Plain Sight: China’s Clandestine Tiger Trade*. London, Environmental Investigation Agency.

Interpol. 2012. *Environmental Crime, It’s Global Theft*. Lyon, Interpol Environmental Crime Programme.

Nellerman, Christian (Ed.). 2012. *Green Carbon, Black Trade: Illegal Logging, Tax Fraud and Laundering in the World’s Tropical Forests, a Rapid Response Assessment*. Norway, UNEP, GRID-Arendal.

Slaughter, Anne-Marie. 2004. “Disaggregated Sovereignty: Towards the Public Accountability of Global Government Networks.” *Government and Opposition* 39(2): 159–190.

Williams, Phil. 2001. “Organizing Transnational Crime: Networks, Markets and Hierarchies.” In *Combating Transnational Crime: Concepts, Activities and Responses*, Eds. Phil Williams and Dimitri Vlassis, 57–87. London, Frank Cass.

United Nations Environment Programme. 2002. *Networking Counts: Montreal Protocol Experiences in Making Multilateral Environmental Agreements Work.* Paris, UNEP.
United Nations Office of Drugs and Crime. 2010. *The Globalization of Crime: A Transnational Organized Crime Threat Assessment.* Vienna, UNODC.

透 明 度

迈克尔·梅森（Michael Mason）
伦敦政治经济学院，英国

知情权是一条法律原则，它赋予个体享有获得政府权威、私人企业信息的权利。今天，强制披露信息是对民主政治体系内的国家提出的普遍要求，在私人部门得到了广泛但有选择性的应用，尤其是公司报道规则和标签义务。知情权法律法规已出台 80 余年（见“政策扩散”）：它是其他监管工具的替代与补充，最适合于包括环境退化在内的福利损失相关的信息赤字或信息不对称（Florini，2007）。

知情权立法的一般条款可能涵盖环境信息，但是特定环境信息的获取是在实体法里做出规定，规定特征污染物或有害化学品的公开。在民主政治体系中，对有毒化学品的知情权通常意味着工作场所内外有差别的公开责任。污染清单或登记是常见的知情权规范的制度体现，应用于选定化学品的释放和转移。发达经济体（如美国有害物质释放清册、澳大利亚国家污染物清单）与新兴国家（如印度尼西亚污染控制评估与评价项目）均有应用。

知情权的跨国扩散围绕国际、国内透明度实践而展开（Bauhr and Nasiritousi，2012；Florini and Jairaj，2014）（见“政策扩散”）。国际环境法包含推进国家间透明度的多边义务，特别是关于跨境风险行为的通知权和事先知情同意（PIC）。出口国、进口国就 PIC 原则的性质、适用范围频繁冲突的重点领域是有害化学品、废弃物和 GMOs 的全球监管（Langlet，2009）（见“危险化学品公约”与“持久性有机污染物公约”）。虽然几乎没有多边环境协定把知情权赋予自然人或法人，但是自 20 世纪 90 年代起，欧盟创设公民（环境）信息权，以防成员国或 EU 管理实体侵犯公民权益。

据路德维希·克雷默（Ludwig Krämer，2012）所述，1998 年《奥尔胡斯公约》（《在环境问题上获得信息公众参与决策和诉诸法律的公约》）的信息公开条款包含最重要的跨境知情权表述。《奥尔胡斯公约》的谈判是在联合国欧洲经济委员会的主持下进行的，这体现了委员会在中东欧民主促进中的作用。奥尔胡斯信息权，由有力的遵约机制支持，是所有缔约国的公共权利（见"遵约和执行"）。奥尔胡斯信息权整合了政府当局的被动公开（依申请公开）与主动公开义务：履行义务时，缔约国具有一定的自由裁量权，这导致了国家差异。2003 年，（关于污染物排放与转移登记的）《基辅议定书》也设立了污染设施的私人所有者与操作者的间接义务，但仍令人担忧的是，该条约是在缺乏对抗私人部门知情权的情况下所做出的妥协（Mason, 2014）。

关于透明度的学术研究表明，若把透明度嵌入信息披露方与信息接收方的决策过程之中，则效果更佳（Fung et al., 2007；Mol, 2008）。这给知情权义务带来了挑战——获取跨境环境风险与危害信息的重担。在市场自由规则主导的全球政治经济里，私人部门披露方（如跨国公司）倾向于反对任何非自愿的环境报告，这弱化了环境透明度的作用。

参考文献

Bauhr, Monika and Naghmeh Nasiritousi. 2012. "Resisting Transparency: Corruption, Legitimacy and the Quality of Global Environmental Politics." *Global Environmental Politics* 12(4): 9–29.

Florini, Ann (Ed.). 2007. *The Right to Know: Transparency for an Open World.* New York, Columbia University Press.

Florini, Ann and Bharath Jairaj. 2014. "The National Context for Transparency-based Global Environmental Governance." In *Transparency in Global Environmental Governance*, Eds. Aarti Gupta and Michael Mason, forthcoming. Cambridge, MA, MIT Press.

Fung, Archon, Mary Graham, and David Weil. 2007. *Full Disclosure: The Perils and Promises of Transparency.* New York, Cambridge University Press.

Krämer, Ludwig. 2012. "Transnational Access to Environmental Information." *Transnational Environmental Law* 1(1): 95–104.

Langlet, David. 2009. *Prior Informed Consent and Hazardous Trade.* Alphen, Kluwer Law International.

Mason, Michael. 2014. "So Far but No Further? Transparency in the Aarhus Convention." In *Transparency in Global Environmental Governance*, Eds. Aarti Gupta and Michael Mason, forthcoming. Cambridge, MA, MIT Press.

Mol, Arthur P.J. 2008. *Environmental Reform in the Information Age: The Contours of Informational Governance.* Cambridge, Cambridge University Press.

条约谈判

丹尼尔·康帕格农(Daniel Compagnon)
波尔多科学院，法国

国际研究中，全球条约制定的主流定义建立在博弈论的国际合作理性选择模型基础上。模型分析参与国之间的成本收益分配(Barrett, 2003)，关注如何实现参与收益最大化、成本最小化的最优谈判均衡。不知何故，这些模型全然坚信想当然的直觉，譬如缔约国的数量越多，达成实质性协定的难度就越大(Barret, 2003: 355-356)。当涉及几乎所有联合国成员国时，协定被贴上“最不具野心的法则”标签(Underdal, 1980; Hovi and Sprintz, 2006)，也许可以强调处理公地悲剧与全球公共物品问题时的困难，但并不能成功地解释全球机制的建立健全，比如《臭氧层框架公约》。通常是全球环境事务的复杂性，比如气候变化，而不是缔约国数量，令多边进程举步维艰。

此后，我们关注另一个基于经验的、行动者导向的路径。在创建和治理国际环境框架公约的过程中，它处理问题/事务、谈判阶段、谈判策略。该领域著名的查斯克(Chasek)阶段分析法适合涉及大量参与国，多个相关事务、各类核心或边缘行动者的多边谈判，这些行动者包括认知共同体、非政府组织、商业和企业以及媒体(Chasek, 2001)。广为人知的联合国大会前后，是每年接连不断的筹备委员会、专门工作组、缔约方会议(COPs)，以及数量众多的特别会议。随着成员国的地位变化，谈判联盟的出现和解体以及新问题、新观点的不断涌现，全球机制开始发生变动。全球机制可以通过订立框架公约议定书的方式得以巩固，就像《臭氧层框架公约》《气候变化框架公约》《生物多样性公约》一样。

在环境条约制订的过程中，认知共同体在构建问题与对策时发挥至关重要的作用。有影响力的个人，如UNEP执行主任、大会主席，甚至执行秘书(见“秘书处”)经常从无望中挽回一些谈判。自1992年起，在议程设置环节以及随后的谈判环节，非国家行动者的影响力日渐增强（Betsill and Corell，2008）。为了提升专业水平，国家代表团吸纳了非国家行动者成员，尽管后者不能参与关门会议（Chasek，2001：198）。对于几乎无法应对大量会议和复杂议程、通常缺乏相关专业知识与资源的贫穷国家而言，依然难以进入并有效参与谈判（见“最不发达国家”）。

激烈的外交讨价还价背后，直至被媒体称为“谈判用尽”的最后一刻，（见“峰会外交”）是一个断断续续的过程。协商旨在通过论证建立共识，其间“公共空间”的思想和行动者向“授权空间”渗透（见“全球协商民主”），政府谈判者网络也反复交互（Orsini and Compagnon，2013）。“网络外交”在环境领域已司空见惯，在贸易事务以及其他“低级政治”领域也很常见。它与传统的“俱乐部外交”存在显著差异。“俱乐部外交”由少数几个职业外交家秘密制定战争、和平决策；而“网络外交”则借助于社会学习，有时可以打破僵局。许多案例研究强调程序的灵活性，常规谈判者会议的个人理解以及解决最终议价环节分歧的特设机制（包括增进共识的创新技术）的重要意义（Davenport et al.，2012）。例如，2000 年订于蒙特利尔的《生物安全议定书》，利用购于地铁的各种颜色的泰迪熊决定谈判僵局阶段的代表发言顺序，以便缓解紧张气氛，从而顺利进入条约最后一行的讨论。

虽然条约最后未必尽如人意，遵约情况也仍不理想，但是谈判过程却建立了共同的世界愿景，令谈判者可以就正当合法的最佳对策展开讨论，从而有效影响国家决策。

参考文献

Barrett, Scott. 2003. *Environment and Statecraft: The Strategy of Environmental Treaty-Making*. Oxford, Oxford University Press.

Betsill, Michelle and Elisabeth Corell (Eds.). 2008. *NGO Diplomacy: The Influence of Nongovernmental Organizations in International Environmental Negotiations*. Cambridge, MA, MIT Press.

Chasek, Pamela S. 2001. *Earth Negotiations: Analyzing Thirty Years of Environmental Diplomacy*. Tokyo, United Nations University Press.

Davenport, Deborah, Lynn M. Wagner, and Chris Spence. 2012. “Earth Negotiations on a Comfy Couch: Building Negotiator Trust through Innovative Process.” In *The Roads from Rio: Lessons Learned from Twenty Years of Multilateral Environmental Negotiations*, Eds. Pamela Chasek and Lynn M. Wagner, 39–58. London and New York, RFF Press/Routledge.

Hovi, Jon and Detlef F. Sprinz. 2006. "The Limits of the Law of the Least Ambitious Program." *Global Environmental Politics* 6(3): 28–42.

Orsini, Amandine and Daniel Compagnon. 2013. "From Logics to Procedures: Arguing within International Environmental Negotiations." *Critical Policy Studies* 7(3): 273–291.

Underdal, Arild. 1980. *The Politics of International Fisheries Managements: The Case of the Northeast Atlantic*. New York, Columbia University Press.

联合国环境规划署

斯蒂芬·鲍尔(Steffen Bauer)
德国发展研究所,德国

联合国环境规划署(UNEP)是1972年联合国人类环境会议最突出、最持久的制度成就。联合国环境规划署"作为全球环境的权威代言人行事,帮助政府设定全球环境议程以及促进联合国系统内协调一致地实施可持续发展"(UNEP,1997：2)。

作为联合国次要机构而成立的联合国环境规划署,总部设在肯尼亚首都内罗比,远离位于纽约和日内瓦的联合国枢纽。这概括出环境治理在联合国体系内所处的地位:"环境"概念许久才登上国际政策议程,在错综复杂的联合国系统内占用有限的制度空间,被视为政府间关系的一个低级政治问题(Bauer, 2013：320)。尽管如此,UNEP已成为首要的全球环境机构(DeSombre, 2006：9)。

与此同时,环境规划署自身处理多重生态危机的有限能力与联合国对其"全球环境的权威代言人"的过高期望之间,还存在相当大的差距。就UNEP的作用而言,它有助于形成大量多边环境协定,特别是《气候变化框架公约》与《防治荒漠化公约》,实际上它还管理条约与相应的条约谈判,包括生物多样性、臭氧层、持续性有机污染物与《危险废物框架公约》以及其他更具体、更具地区性的条约(见"秘书处")。虽然UNEP已然成为国际环境政治领域有效的议程设置者与谈判促成者,但现实与预期之间的差距格外惊人。

由于机制的有效性大不相同,因而学者对UNEP的成败归因也大相径庭。例如,一些学者谴责UNEP不具备有效协调国际生物多样性治理的能力(Andresen and Rosendal, 2009),而另一些学者则对其在中止臭氧层消耗物质中所发挥的指导型领导作用大加赞赏(Downie, 1995)。

以 UNEP 的职权作为衡量标准，意味着承认联合国环境规划署在处理全球、区域环境事务时所固有的领导、指导地位。其职权主要有：① 评估与监控环境状态（见“评估”）；② 促成国际环境政策与法律；③ 协调联合国环境行为，即便 UNEP 的行政级别、政治地位不及联合国主要机构（Bauer，2013：324）。虽然从一开始，UNEP 似乎就不可能实现协调功能，但是它在两个方面获得极大成功：致力于体现联合国的环境意识，支持环境多边主义。总的来说，成功是通过提高国际社会对于所面临的环境挑战的认识而得以实现的，例如 UNEP 发布全球环境展望，提升环境法在国际、区域甚至国内层面的地位（ibid.：325）。

UNEP 的领导作用很大程度上来自秘书处的权威（Bauer，2009。见“有影响力的个人”）。这使得联合国环境规划署可以成为科学与环境决策的连接点上的高效知识中介，以及胶着进程的谈判促成者。因此，UNEP 对国际环境治理的认知、规范发挥的影响力更为明显。而有点儿讽刺意味的是，UNEP 在推进特定事务的多边环境制度建设方面取得的明显成功，却因为随之而来的独立决策实体的数量激增而大打折扣。由于不同的环境条约通常各行其是，因而 UNEP 系统协调国际环境治理就变得愈加困难（Andresen and Rosendal，2009；Bauer，2009），而且多边环境协定的数量激增，加剧了 UNEP 系列服务的复杂程度，同时摊薄了服务的有限资源。

UNEP 的结果无效性并不是一个独有观点。发展、人道主义援助与环境领域一致性问题的秘书长高级别小组也认识到，需要“实质性的强化、主流的国际环境治理结构”以扭转全球环境退化趋势（UN，2006：para.31）。为此，学术界与实践界长期探讨提升 UNEP 地位的利弊，即从联合国经济与社会理事会的附属规划署，提升为成熟的专门机构或世界环境组织（Biermann and Bauer，2005）。实际上，UNEP 的专门治理理事会最终发展为“里约＋20”（2012）峰会后拥有众多成员国的联合国环境大会，国际社会足足历经了 40 年。

归根结底，作为全球环境治理的重要一员，UNEP 力所能及的范围依旧有限。在联合国制度复杂性的大背景下，一些结构性问题尚未解决，尤其是南北分歧问题（Ivanova，2012）。后者体现主权国家利用境内资源的特权与相应的社会经济活动对全球影响的责任之间的张力。

参考文献

Andresen, Steinar and Kristin Rosendal. 2009. "The Role of the United Nations Environment Programme in the Coordination of Multilateral Environmenal Agreements." In *International Organizations in Global Environmental Governance*, Eds. Frank Biermann, Bernd Siebenhüner, and Anna Schreyögg, 133–150. London, Routledge.

Bauer, Steffen. 2009. "The Secretariat of the United Nations Environment Programme: Tangled Up In Blue." In *Managers of Global Change: The Influence of International Environmental Bureaucracies*, Eds. Frank Biermann and Bernd Siebenhüner, 169–201. Cambridge, MA, MIT Press.

Bauer, Steffen. 2013. "Strengthening the United Nations." In *The Handbook of Global Climate and Environment Policy*, Ed. Robert Falkner, 320–338. Chichester, Wiley-Blackwell.

Biermann, Frank and Steffen Bauer (Eds.). 2005. *A World Environment Organization: Solution or Threat for Effective International Environmental Governance*. Aldershot, Ashgate.

DeSombre, Elizabeth R. 2006. *Global Environmental Institutions*, London, Routledge.

Downie, David L. 1995. "UNEP and the Montreal Protocol." In *International Organizations and Environmental Policy*, Eds. Robert V. Bartlett, Priya A. Kurian, and Madhu Malik, 171–185. Westport, CT, Greenwood Press.

Ivanova, Maria. 2012. "Institutional Design and UNEP Reform: Historical Insights on Form, Function and Financing." *International Affairs* 88(3): 565–584.

United Nations. 2006. *Delivering as One: Report of the Secretary-General's High-Level Panel on System-Wide Coherence in the Areas of Development, Humanitarian Assistance, and the Environment*. New York, United Nations.

UNEP, Governing Council. 1997. *Nairobi Declaration of the Heads of Delegation*. Nairobi, UNEP.

湿地保护

罗亚尔·加德纳(Royal Gardner)
史丹森大学，美国

《国际重要湿地特别是水禽栖息地公约》，亦称《拉姆萨尔公约》，是一个超过165个缔约方签订的湿地保护条约。公约于1971年在伊朗的拉姆萨尔签订，1975年正式生效。作为早期的多边环境协定，其义务具有普适性(Bowman，1995)。缔约方应遵守三个主要义务(拉姆萨尔三大支柱)(见“遵约和执行”)：至少选定一处作为国际重要湿地并加以保护(拉姆萨尔湿地)；明智利用(可持续利用)所有境内湿地；湿地事务的国际合作。《拉姆萨尔公约》认可利用生态系统方法来保护环境。事实上，缔约方把明智利用界定为“在可持续发展的框架下，经由生态系统方法，维持其生态特征”。

大约每三年举行一次的缔约方大会(COP)，是公约的主要决策实体(见“条约谈判”)。根据惯例，COP在共识的基础上讨论和通过决议。虽然基于共识能够确保获得多数支持，但是也会带来让步与妥协。不同的缔约方对决议采取不同的对待方式。一些缔约方，比如美国，把《拉姆萨尔公约》视作愿景，认为其不具约束力(Gardner and Connolly，2007)。另一些缔约方认定其为决议，在本国境内具有法律效力。例如，选址拉姆萨尔湿地的拟建项目的环境影响评估案例，荷兰政府认为，COP一致通过的决议是荷兰国家义务的一部分，因此依法强制执行(Verschuuren，2008；Gardner and Davidson，2011)。

《拉姆萨尔公约》并未正式隶属于联合国。拉姆萨尔秘书处负责公约事务的日常协调，位于瑞士的IUCN总部，是公约的早期组成部分。条约谈判期间，由于涉及经费问题，没有国家愿意主办秘书处(最初称为拉姆萨尔办事处)，最终IUCN同意主办，直至缔约方通过三分之二多数规则选举出另一组织或政府。一些缔约方倡议，由联合国环境规划署主办秘书处，认为这将给予《拉姆萨尔公约》更多关注。虽然布加勒斯特第 11 次缔约方大会仍旧同意 IUCN 主办秘书处，但更换主办方的议题被再次提上议事日程。

《拉姆萨尔公约》缺乏正式执行机制，其有效性难以量化（见“遵约和执行”）。尽管拉姆萨尔湿地位于最大的保护区网络，但许多湿地依然面临迁地保护的威胁。而湿地继续遭受高退化率的例子比比皆是，但是如果没有公约，形势可能会更加严峻。利用国际湿地政策或类似工具执行公约的缔约方，发现了公约对湿地保护产生的积极效应（Gardner and Davidson，2011）。

参考文献

Bowman, M.J. 1995. “The Ramsar Convention Comes of Age.” *Netherlands International Law Review* 42(1): 1–52.

Gardner, Royal C. and Kim Diana Connolly. 2007. “The Ramsar Convention on Wetlands: Assessment of International Designations within the United States.” *Environmental Law Reporter* 37(2): 10089–10113.

Gardner, Royal C. and Nick Davidson. 2011. “The Ramsar Convention.” In *Wetlands—Integrating Multidisciplinary Concepts*, Ed. Ben A. LePage, 189–203. Dordrecht, Springer.

Verschuuren, Jonathan. 2008. “Ramsar Soft Law is Not Soft at All.” *Milieu en Recht* 35(1): 28–34.

世 界 银 行

苏珊·帕克（Susan Park）
悉尼大学，澳大利亚

国际重建和发展银行（IBRD），亦称“世界银行”，创建于1944年，是一家多边金融机构，每年向成员国提供大约200亿～300亿美元的贷款。银行基金来自成员国国际资本市场可赎回或实缴资本，银行收益来自利息和贷款偿还。世界银行为公路、铁路和堤坝等项目提供贷款。自20世纪80年代初，世界银行开始增加项目贷款。结构性调整贷款（SALs，现在称为“政策性贷款”），旨在基于新自由主义经济原则重建贷方经济。

基于成员国资本以及基本票、加权票的公式，世界银行建立起加权投票系统（“一元一票”系统）。188个成员国均有代表出席，投票自愿。但是最大股东美国受国内社会倡导环境保障和社会保障、性别平等、项目质量、透明度（见“透明度”）、问责与减少贫困的压力驱动，通过行使股东权利对世界银行施压。世界银行不得不对美国强权的“股东积极主义”做出回应。

就世界银行对于环境事务的综合考虑而言，环保主义者的施压至关重要。争论聚焦于世界银行是否确实环保，或仅仅漂绿。世界银行于1970年首次设立环境部门，集限制环境退化的经济讨论、环境政策的政治支持以及时任行长的罗伯特·麦克纳马拉（Robert McNamara）的智力参与于一体，然而推动世界银行进行环境影响全面再评估的力量来自20世纪80年代的大规模环境运动，比如印度的纳尔默达·萨达瓦萨洛瓦堤坝（Narmada Sadar Sarovar dam），这导致了环境主义者数量与环境项目贷款金额的增加。环境保障的监管和评估，确保遭受世界银行资助项目的有害环境影响的本地居民获得赔偿。世界银行也成了全球环境基金的执行机构。

有学者认为，环保意识的增强是成员国强化监督、整合组织文化和激励机制的银行管理的结果（Nielson et al., 2006）。彼得·哈斯和厄恩斯特·

哈斯认为，世界银行对因果效应进行再评估，分析自身目标与环境要求的契合程度，从而调整组织目标以采用新的环境标准(Peter Haas and Ernster Haas，1995)。他们将学习与适应区分开来，认为只有联合国环境规划署与世界银行具备学习能力。这把组织的复杂学习从应对改革压力的策略中分离出来，但策略性让步通常被视为遵守规范的第一步(Park，2010)。

韦德(Wade，1997)认为，虽然银行从"环境或增长"转变为"可持续发展"，但并未改变其内部激励机制，因此破坏了环境严谨性(Goldman，2005)(谓之"绿色新自由主义"，见"自由环境主义")。环境活动家布鲁斯·里奇(Bruce Rich，1994)也认为，世界银行在漂绿其运作，银行并未恰当执行环境标准，而且银行贷款审批流程阻碍了可持续发展。各种争论从未间断，不论是关于银行在乱砍滥伐与大规模堤坝中发挥的作用，关于严禁核能贷款，还是关于未能充分转向可再生能源，这些争论对银行的绿色环保形象提出了挑战。而古特纳(Gutner，2002)却发现，由于"资助环境项目，并且试图把环境理念整合进一系列战略目标里"，因而世界银行变得更加提倡环保。银行在清洁发展机制里发挥的作用就是支持上述观点的证据。绿色金融，以及由世界银行国际金融公司承担的类似工作，正在影响世界银行审视自身环境政策的方式。

参考文献

Goldman, Michael. 2005. *Imperial Nature: The World Bank and Struggles for Social Justice in the Age of Globalization*. New Haven, CT, Yale University Press.

Gutner, Tamar L. 2002. *Banking on the Environment: Multilateral Development Banks and Their Environmental Performance in Central and Eastern Europe*. Cambridge, MA, MIT Press.

Haas, Peter and Ernst Haas. 1995. "Learning to Learn: Improving International Governance." *Global Governance* 1(3): 255–284.

Nielson, Daniel, Michael Tierney, and Catherine Weaver. 2006. "Bridging the Rationalist-Constructivist Divide: Re-engineering the Culture at the World Bank." *Journal of International Relations and Development* 9(2): 107–139.

Park, Susan. 2010. *World Bank Group Interactions with Environmentalists: Changing International Organisation Identities*. Manchester, Manchester University Press.

Rich, Bruce. 1994. *Mortgaging the Earth: The World Bank, Environmental Impoverishment and the Crisis of Development*. Boston, MA, Beacon Press.

Wade, Robert. 1997. "Greening the Bank: The Struggle over the Environment 1970–1995." In *The World Bank: Its First Half Century*, Eds. Davesh Kapur, John Lewis, and Richard C. Webb, 611–734. Washington, Brookings Institute.

世界环境组织

弗兰克·比尔曼（Frank Biermann）
阿姆斯特丹自由大学，荷兰；隆德大学，瑞典

“世界环境组织”并不存在。然而40余年来，创设环境保护国际机构的提议却不绝于耳（Biermann and Bauer，2005）。这些提议赋予世界环境组织各种名称，如“全球环境组织”“联合国环境组织”“联合国环境保护组织”。所有提议的共同之处在于，主张在联合国体系内新建一个专注环境政策的政府间组织。

创设世界环境组织的首个提议可以追溯到美国外交政策战略家乔治·F. 凯南（George F. Kennan，1970）提出的，包含“一小部分发达国家”的国际环境机构。当时许多发起人支持这一观点，最终联合国于1973年建立了联合国环境规划署。相对于当时观察家呼吁的强力国际环境组织而言，创设联合国环境规划署是一种更为温和的变革方式。

自此，各种发起人公开倡议，建立一个世界环境组织以替代或“升级”UNEP（Biermann，2000；Desai，2000；Runge，2001）。实际上，关于世界环境组织的提议，根据其变革程度，可以分为三类理想类型。

第一种模式是最不激进的，提议建议将UNEP升级为联合国专门机构，获得功能完整的组织身份。支持者们借鉴了世界卫生组织或国际劳工组织。预计新机构将有助于建立规范与执行规范（见“遵约和执行”）。力量源于新机构的新增权限和良好优化能力，用以支持发展中国家的能力建设，例如，类似其他主要国际组织，授予新机构国家层面的执行权。这不同于UNEP当前不介入项目实施的“催化剂”作用。联合国专门机构的组织身份意味着额外的立法权力和政治权力。例如，通过多数投票规则，它的治理实体可以批准对所有成员国具有约束力的规章制度（类似于国际海事组织），或者在其主持下，采纳具有法律约束力的协议草案（类似于国际劳

工组织)。

第二种模式是一些观察家主张的根本性变革,以解决许多国际机构在全球环境治理领域内的实质性和功能性重叠问题(见“制度互动”)。这些集权治理架构的倡导者们呼吁把现存机构、项目整合为一个包罗万象的世界环境组织。这种环境制度的整合大致可以效仿世界贸易组织,它整合了各种多边贸易协定。

第三种模式影响最为深远,环境事务的政府间科层组织,可以配备类似于“环境安全委员会”的强制执行机构,应对不遵守国际协定的国家。然而对这个强权机构的支持仍然不足,主要来自一些非政府组织。

对新组织的怀疑和批评的声音也同时涌现出来。比如,卡尔斯杜·朱马(Calestous Juma)认为,这些提议分散了人们对紧迫问题的注意力,而且并未认识到集权组织架构不合时宜。塞巴斯蒂安·奥伯瑟和托马斯·格林也认为,合作理论反对新机构(Sebastian Oberthür and Thomas Gehring, 2005)。康纳德·冯·莫特克(Konrad von Moltke, 2005)和阿迪尔·纳贾姆(Adil Najam, 2005)提出另一种选择,即通过分权制度集群来处理环境事务,而不是把所有问题交托给一个集权组织。

今天,世界环境组织的设想寻求到了一些政府的政治支持。特别是在2012年联合国可持续发展大会上,UNEP的专门机构地位,获得了欧盟、非盟以及一些其他发展中国家的支持。但是,来自美国、日本、俄罗斯的反对声浪依然强烈,甚至早期的支持者巴西现在似乎害怕导向可持续发展一极。这些国家认为,该问题需要进行更深入的讨论和分析(Vijge, 2013)。作为近期争论的结果之一,联合国环境规划署的地位得到了进一步巩固。

参考文献

Biermann, Frank. 2000. “The Case for a World Environment Organization.” *Environment* 42(9): 22–31.

Biermann, Frank and Steffen Bauer (Eds.). 2005. *A World Environment Organization: Solution or Threat for Effective International Environmental Governance?* Aldershot, Ashgate.

Desai, Bharat. 2000. “Revitalizing International Environmental Institutions: The UN Task Force Report and Beyond.” *Indian Journal of International Law* 40(3): 455–504.

Kennan, George F. 1970. “To Prevent a World Wasteland: A Proposal.” *Foreign Affairs* 48(3): 401–413.

Najam, Adil. 2005. "Neither Necessary, nor Sufficient: Why Organizational Tinkering Will Not Improve Environmental Governance." In *A World Environment Organization: Solution or Threat for Effective International Environmental Governance?*, Eds. Frank Biermann and Steffen Bauer, 235–256. Aldershot, Ashgate.

Oberthür, Sebastian and Thomas Gehring. 2005. "Reforming International Environmental Governance: An Institutional Perspective on Proposals for a World Environment Organization." In *A World Environment Organization: Solution or Threat for International Environmental Governance?*, Eds. Frank Biermann and Steffen Bauer, 205–234. Aldershot, Ashgate.

Runge, C. Ford. 2001. "A Global Environment Organization (GEO) and the World Trading System." *Journal of World Trade* 35(4): 399–426.

Vijge, Marjanneke J. 2013. "The Promise of New Institutionalism: Explaining the Absence of a World or United Nations Environment Organization." *International Environmental Agreements: Politics, Law and Economics* 13(2): 153–176.

von Moltke, Konrad. 2005. "Clustering International Environmental Agreements as an Alternative to a World Environment Organization." In *A World Environment Organization: Solution or Threat for Effective International Environmental Governance?*, Eds. Frank Biermann and Steffen Bauer, 175–204. Aldershot, Ashgate.

世界贸易组织

法里博尔兹·泽尔(Fariborz Zelli)
隆德大学,瑞典

围绕着1994年世界贸易组织(WTO)的建立,学者探讨这一新机构能否带来全球环境治理的“市场机制”转向(见“自由环境主义”)。

WTO主持下的60余个公约包括一系列同环境标准产生冲突的规定,如对非可持续加工过程或生产方法进行贸易限制。根据最惠国待遇条款,WTO缔约国给予任一国家的贸易优惠,也必须给予其他缔约国。国民待遇原则反对“优待”国内产品或服务,防止歧视进口产品或服务。

WTO条约也包括适用非歧视原则的条款。《关税与贸易总协定》“一般例外”条款,允许缔约国为保障人类、动植物生命健康,保护可能用竭的天然资源而采取必要措施(第20条)。原则与“例外”的抽象措辞给规则解释、法律冲突留下了较大空间。

环境与贸易委员会等WTO政治实体试图解决这种不确定性问题。委员会的工作重点是多边环境协定(MEAs)间关系、减少环境产品与服务的贸易壁垒。为了支持MEAs,欧盟和瑞士等国提出拓宽WTO例外原则的议题。然而美国和发展中国家担心出现生态保护主义后果,拒绝了该提议。

考虑到争论可能无果,WTO主要通过司法判决发挥环境治理作用。前所未有的WTO争端解决机制逐渐适用于一系列国内环境法争端,从渔业治理、物种保护到自然资源保护、空气污染和健康标准。尽管早期规则严格执行自由贸易优先规则,但近期的决议呈现出符合环境规范的明显趋势(Howse, 2002)。

范例:1991年金枪鱼—海豚贸易争端,GATT专家组把美国对墨西哥黄鳍金枪鱼(捕捞方法违反美国海豚保护标准)的进口限制依旧解释为违背国民待遇原则。但1998年海虾—海龟贸易争端,WTO争端解决实体拓宽理解：如果这些要求源于多边协定，比如《生物多样性公约》，那么除了最终产品，还需考虑产品生命周期的处理和生产方法要求（Charnovitz，2008；Pauwelyn，2009）。

除了争端解决实体不断援引其他条约之外，多边环境协定也未完全受制于 WTO 争端解决。这也许令人惊讶，因为存在诸多制度互动，比如分别在《危险废物框架公约》、CITES、《臭氧层框架公约》的《蒙特利尔议定书》下的危险废物、濒危物种、消耗臭氧层物质的贸易限制。由于这些限制性规定歧视 MEAs 非缔约国或非制定国，它们可能与 WTO 的最惠国原则产生冲突。由于严格的预防性限制以及活转基因生物贸易前的信息共享要求，《生物多样性公约》的《卡塔赫纳生物安全议定书》也许会与 WTO 规则发生冲突。

另一个潜在的法律冲突涉及《气候变化框架公约》。由于框架公约尚未逐一指定缔约国实现碳排放目标的措施，这为潜在的财政措施（补偿、关税、征税）和监管措施（标准、技术监督、标签和认证）敞开了大门，可能歧视伴有温室气体密集排放的加工过程或生产方法的进口商品。学者长期探讨上述措施与国民待遇原则及其他 WTO 条款之间的兼容性问题（cf. Zelli and Van Asselt，2010）。

为何上述冲突至今仍未导致争端解决程序？一种解释是，WTO 把 MEAs 视为可接受标准，在规则中不断引用。这一实践支持 WTO 在转向自由环境主义的过程中，发挥了工具性作用的观点。但一些学者提出批评，认为争端解决实体仅考虑这些适合自身新自由主义世界观的外部规范（Kulovesi，2011）。其他学者仔细审视条约谈判的幕后真相，发现存在某种自我审查或“冷却”效应，用以避免更多的贸易限制方法（Eckersley，2004）。

参考文献

Charnovitz, Steve. 2008. “The WTO as an Environmental Agency.” In *Institutional Interplay: Biosafety and Trade*, Eds. Oran R. Young, W. Bradnee Chambers, Joy A. Kim, and Claudia ten Have, 161–191. Tokyo, United Nations University Press.

Eckersley, Robyn. 2004. “The Big Chill: The WTO and Multilateral Environmental Agreements.” *Global Environmental Politics* 4(2): 24–50.

Howse, Robert. 2002. “The Appellate Body Rulings in the Shrimp/Turtle Case: A New Legal Baseline for the Trade and Environment Debate.” *Columbia Journal of Environmental Law* 27(2): 489–519.

Kulovesi, Kati. 2011. *The WTO Dispute Settlement System: Challenges of the Environment, Legitimacy and Fragmentation*. Dordrecht, Kluwer Law International.

Pauwelyn, Joost. 2009. *Conflict of Norms in Public International Law: How WTO Law Relates to Other Rules of International Law*. Cambridge, Cambridge University Press.

Zelli, Fariborz and Harro van Asselt. 2010. "The Overlap between the UN Climate Regime and the World Trade Organization: Lessons for Climate Governance Beyond 2012." In *Global Climate Governance Beyond 2012*, Eds. Frank Biermann, Philipp Pattberg, and Fariborz Zelli, 79–96. Cambridge, Cambridge University Press.

缩 写 词 表

ABS	Access and Benefit Sharing 获取和惠益分享
ALBA	Bolivia，Venezuela，Ecuador，Nicaragua，and Cuba 美洲玻利瓦尔联盟
AOSIS	Alliance of Small Island States 小岛屿国家联盟
ASEAN	Association of Southeast Asian Nations 东南亚国家联盟
ATS	Antarctic Treaty System 南极条约体系
BASIC	Brazil，South Africa，India，and China 基础四国
BINGO	Business Initiated Nongovernmental Organization 企业发起的非政府组织
BRICS	Brazil，Russia，India，China，and South Africa 金砖国家
CANZ	Canada，Australia，and New Zealand 加澳新集团
CBD	Convention on Biological Diversity 生物多样性公约
CBDR	Common but Differentiated Resonsibility 共同但有区别的责任
CCAMLR	Convertion on the Conservation of Antractic Marine Living Resources 南极生物资源保护公约

续　表

CDM	Clean Development Mechanism 清洁发展机制
CDP	Carbon Disclosure Project 碳信息披露项目
CFC	Chlorofluorocarbons 氯氟烃
CHM	Common Heritage of Mankind 人类的共同遗产
CITES	Convention on International Trade in Endangered Species of Wild Fauna and Flora 濒危野生动植物种国际贸易公约
COP	Conference of the Parties 缔约方大会
CSD	Commission on Sustainable Development 可持续发展委员会
CSR	Corporate Social Responsibility 企业社会责任
DDT	Dichloro-Diphenyl-Trichloroethane 双二氯苯基三氯乙烷
ECOSOC	Economic and Social Council of the United Nations 联合国经济和社会理事会
EEC	European Economic Community 欧洲经济共同体
EKC	Environmental Kuznets Curve 环境库兹涅茨曲线
EMS	Environmental Management System 环境管理系统
EROI	Environmental Return on Investment 能源投资回报
ES	Ecosystem Service 生态系统服务

续 表

EU	European Union 欧盟
EU ETS	EU Emissions Trading System 欧盟排放交易系统
FAO	Food and Agriculture Organization 联合国粮农组织
FCPF	Forest Carbon Partnership Facility 森林碳伙伴基金
FSC	Forest Stewardship Council 森林管理委员会
GATT	General Agreement on Tariffs and Trade 关贸总协定
GDP	Growth Domestic Product 国内生产总值
GEF	Global Environment Facility 全球环境基金
GEG	Global Environmental Governance 全球环境治理
GEO	Global Environmental Outlook 全球环境展望
GMO	Genetically Modified Organism 转基因生物
GPG	Global Public Good 全球公共物品
GPI	Genuine Progress Indicator 真实发展指数
GRI	Global Reporting Initiative 全球报告倡议组织
HCFC	Hydrochlorofluorocarbon 含氢氯氟烃

续 表

HFC	Hydrofluorocarbon 氢氟碳化合物
IBSA	India，Brazil，and South Africa 印度、巴西和南非
ICRW	International Converntion for the Regulation of Whaling 国际管制捕鲸公约
IEA	International Energy Agency 国际能源署
ILO	International Labor Organization 国际劳工组织
IMF	International Monetary Fund 国际货币基金组织
IOM	International Organization for Migration 国际移民组织
IOPC	International Oil Pollution Compensation 国际油污染损害赔偿
IPCC	Intergovernmental Panel on Climate Change 政府间气候变化专门委员会
IPR	Intellectual Property Rights 知识产权
IRENA	International Renewable Energy Agency 国际可再生能源机构
ISEW	Index of Sustainable Economic Welfare 可持续经济福利指数
ISO	International Organization for Standardization 国际标准化组织
ITPGRFA	International Treaty on Plant Genetic Resources for Food and Agriculture 粮食和农业植物遗传资源国际条约
IUCN	International Union for Conservation of Nature 国际自然保护联盟

续 表

IWC	International Whaling Commission 国际捕鲸委员会
JUSCANZ	Japan, United States, Canada, Australia, and New Zealand 日美加澳新集团
JUSSCANNZ	Japan, United States, Switzerland, Canada, Australia, Norway, and New Zealand 非欧盟发达国家集团
LDC	Least Developed Country 最不发达国家
MEA	Multilateral Environmental Agreement 多边环境协定
MOP	Meeting of the Parties 缔约方会议
NAAEC	North American Agreement on Environmental Cooperation 北美环境合作协定
NAFTA	North American Free Trade Agreement 北美自由贸易协定
NGO	Nongovernmental Organization 非政府组织
ODS	Ozone-Depleting Substances 消耗臭氧层物质
OECD	Organisation for Economic Co-operation and Development 经济合作与发展组织
OPEC	Organization of Petroleum Exporting Countries 石油输出国组织
PES	Payments for Ecosystem Services 生态系统服务付费
PIC	Prior Informed Consent 事先知情同意
POP	Persistent Organic Pollutant 持久性有机污染物

续 表

RAINS	Regional Acidification Information System 地区酸化信息系统
REDD	Reducing Emissions from Deforestation and Forest Degradation 减少森林砍伐和森林退化导致的温室气体排放
RFMO	Regional Fishery Management Organization 区域性渔业管理组织
SADC	Southern African Development Community 南部非洲发展共同体
SO_2	Sulfur Dioxide 二氧化硫
SPS	Agreement on the Application of Sanitary and Phytosanitary Measures, to the World Trade Organization 世界贸易组织实施动植物卫生检疫措施的协定
STS	Science and Technology Studies 科学与技术的人文社会学研究
TEC	Transnational Environmental Crime 跨国环境犯罪
TNC	Transnational Corporation 跨国公司
UN	United Nations 联合国
UNCCD	United Nations Convention to Combat Desertification 联合国防治荒漠化公约
UNCED	United Nations Conference on Environmental and Development 联合国环境与发展会议
UNCLOS	United Nations Convention on the Law of the Sea 联合国海洋法公约
UNDP	United Nations Development Programme 联合国开发计划署

续表

UNEP	United Nations Environmen Programme 联合国环境规划署
UNESCO	United Nations Educational, Scientific, and Cultural Organization 联合国教科文组织
UNFCCC	United Nations Framework Convention on Climate Change 联合国气候变化框架公约
UNHCR	UN High Commissioner for Refugees 联合国难民署
US	United States of America 美国
WBCSD	World Business Council for Sustainable Development 世界可持续发展工商理事会
WCED	World Commission on Environmental and Development 世界环境与发展委员会
WTO	World Trade Organization 世界贸易组织
WWF	World Wildlife Fund 世界自然基金会

重要国际环境协定时间表

年　份	协　　定　　名　　称
2013	《关于汞的水俣公约》
2012	《我们期望的未来》(“里约+20”峰会成果文件)
2010	《遗传资源获取与惠益分享的名古屋议定书》
2006	《2006 年国际热带木材协定》
2002	约翰内斯堡《可持续发展宣言》
2001	《关于持久性有机污染物的斯德哥尔摩公约》《植物遗传资源国际条约》
2000	《卡塔赫纳生物安全议定书》
1998	《在环境问题上获得信息公众参与决策和诉诸法律的公约》(《奥尔胡斯公约》)
1998	《关于在国际贸易中对某些危险化学品和农药采用事先知情同意程序的鹿特丹公约》
1997	《联合国气候变化框架公约的京都议定书》
1994	《防治荒漠化公约》《1994 年国际热带木材协定》《奥斯陆议定书》
1992	《21 世纪议程》《生物多样性公约》《气候变化框架公约》
1991	《马德里南极条约议定书》《巴马科公约》《关于跨界背景下环境影响评价的埃斯波公约》
1989	《控制危险废物越境转移及其处置的巴塞尔公约》
1987	《关于消耗臭氧层物质的蒙特利尔议定书》

续 表

年 份	协 定 名 称
1986	《及早通报核事故公约》《全球禁止捕鲸公约》
1985	《关于保护臭氧层的维也纳公约》《关于硫排放的赫尔辛基议定书》
1983	《1983 年国际热带木材协定》
1982	《海洋法公约》
1980	《南极海洋生物养护公约》
1979	《迁徙物种公约》《远距离跨境空气污染公约》
1976	《保护地中海海洋环境和沿海地区公约》(《巴塞罗那公约》)、《禁用改变环境技术的公约》
1973	《濒危野生动植物种国际贸易公约》(《华盛顿公约》)
1972	《斯德哥尔摩宣言》《斯德哥尔摩行动计划》
1971	《国际重要湿地特别是水禽栖息地公约》(《拉姆萨尔公约》)

译 后 记

人类只有一个地球,各国共处于一个世界。环境治理已不仅仅是本土议题,更是一个全球议题。然而全球环境治理跨越生态学、社会学、经济学和政治学等学科领域,既有学理分析,又有经验研究,内涵丰富却易令人头绪纷乱。本书的精妙之处在于抽丝剥茧,采用百科全书的编撰方式,囊括101个全球环境治理的核心概念,为读者呈现出全球环境治理跨学科、跨文化的盎然生机。

本书兼具理性分析与经验描述,提供全球环境治理现状的前沿分析;提出可持续发展的全球治理的最新争论;进行当前全球环境治理国际架构的深入探讨;审视环境政治与贸易、发展、安全等其他治理领域的互动;详尽述评全球环境治理的近期文献。本书以百科全书的编撰方式整合不同领域知名专家的文章,汇聚原创思想与备受瞩目的专业知识,适合学生、学者以及实务人员阅读。

翻译本书的过程,也是译者再学习的过程。感谢丛书主译张良教授,他提供了相关参考文献,为我弥补了知识结构上的不足;感谢俞慰刚教授,我在翻译本书的过程中曾就不明之处向他询问,他都给出了详尽的答复,为我解答了大量难点;感谢岳蕾,她参与"深层生态学"词条至"绿色民主"词条的翻译工作,为我赢得了时间;感谢华东理工大学出版社的编辑们,他们在翻译上的丰富经验使我得以避免很多失误。还要感谢我的家人,正是他们的支持使我得以将大量时间投入翻译工作之中。然而全书涉猎甚广,虽已尽力而为,但纰漏之处在所难免,恳请读者、专家不吝指正。

王 余

内 容 提 要

应对可持续挑战的全球治理，是亟待解决的环境问题。本书是全球环境治理难题的及时汇编。

全书共101个词条，每个词条界定一个全球环境治理的核心概念，展现历史演进，介绍相关争论，包括关键参考文献和拓展阅读。词条兼具理性分析与经验描述。本书提供全球环境治理现状的前沿分析；呈现可持续发展的全球治理最新争论；进行当前全球环境治理国际架构的深入探讨；审视环境政治与贸易、发展、安全等其他治理领域的互动；详尽述评全球环境治理的近期文献。

本书以独特的编纂方式整合不同领域知名专家的文章，汇聚原创思想与备受瞩目的专业知识，可供学生、学者、实务人员使用。